RENTI DINGWEI JISHU JI QI YINGYONG

人体定位技术及其应用

刘惠彬 ◎ 著

中国铁道出版社有限公司
CHINA RAILWAY PUBLISHING HOUSE CO., LTD.

内 容 简 介

基于携带式设备以及图像处理经典算法的人体定位技术，已经广泛地应用在生产生活的方方面面，而伴随着人工智能技术的飞速发展，人类社会对定位技术也提出了更多的解决方法和更高的性能要求。本书首先介绍了现有人体定位技术的发展现状和存在问题，然后重点探讨了基于人脸检测的人体定位技术和基于非携带式智能传感的人体定位技术，并且融合两类技术构建智能讲者追踪与捕获系统，充分论证技术实践意义，最后对人体定位技术的发展前景进行了展望。

本书结构清晰，对关键的问题进行了详细的数学描述，并给出了大量的图示和性能对比表格，易于读者阅读和理解。本书可作为通信工程、计算机类等专业的研究人员和研究生的参考书。

图书在版编目（CIP）数据

人体定位技术及其应用 / 刘惠彬著. -- 北京：中国铁道出版社有限公司，2024．8． -- ISBN 978-7-113-31346-3

Ⅰ．TP391.413

中国国家版本馆 CIP 数据核字第 2024YW4584 号

书　　　名：	人体定位技术及其应用
作　　　者：	刘惠彬
策　　　划：	曹莉群
编辑部电话：	（010）63549501
责任编辑：	贾　星　李学敏
封面设计：	高博越
责任校对：	安海燕
责任印制：	樊启鹏
出版发行：	中国铁道出版社有限公司（100054，北京市西城区右安门西街 8 号）
网　　　址：	https://www.tdpress.com/51eds/
印　　　刷：	北京盛通印刷股份有限公司
版　　　次：	2024 年 8 月第 1 版　2024 年 8 月第 1 次印刷
开　　　本：	710 mm×1 000 mm　1/16　印张：5.25　字数：80 千
书　　　号：	ISBN 978-7-113-31346-3
定　　　价：	39.00 元

版权所有　侵权必究

凡购买铁道版图书，如有印制质量问题，请与本社教材图书营销部联系调换。电话：（010）63550836
打击盗版举报电话：（010）63549461

前　言

　　计算机视觉技术已被广泛应用于现代社会,如影像监控、自动驾驶、智慧城市和智能教育等方面。近年来,随着结构化多媒体数据处理技术的进步和硬件设计技术的突破,基于深度学习的目标检测和定位已从理论走向应用。本书以视频分割作为前处理来加速人脸检测,同时利用 OpenVINO 工具包进行优化,实现基于泛用 CPU 的实时人脸检测。

　　另外,无线通信技术在室内人体定位系统中扮演了重要角色,这得益于该类技术的高准确率和非接触式等优点。本书提出一个结合人脸检测和无线通信技术的智能讲者追踪与捕获(intelligent lecturer tracking and capturing, ILTC)系统,这个系统不仅能避免因讲者突然快速移动造成的人脸检测失误,且能解决红外传感器的非实时感测问题。

　　ILTC 系统已在两个场景中测试其效能,包括一间教室和一间实验室。实验结果显示此 ILTC 系统能够自动追踪与捕获讲者,并且拍摄时讲者身影能保持在屏幕的中间位置,因此本系统具备线上课程全自动化录制之应用潜力。ILTC 系统拍摄的影片,精确度介于 84.09% 到 93.90% 之间。引入红外传感器后,ILTC 系统的平均精确度比未引入红外传感器时提升了 21.04%。最后,本书邀请两所大学不同系的 32 位教师参与问卷调查,将此系统的拍摄模式与现有的 MOOCs 拍摄模式进行对比,问卷调查的结果显示 ILTC 系统具有更高的实用性。

　　本书的主要内容如下:

（1）在不受限于深度学习平台的情况下，通过OpenVINO工具包加速，实现在通用CPU上的实时、准确的人脸检测定位。

（2）提出了基于定向快速和旋转简短（ORB）描述符和结构相似度（SSIM）的视频分割预处理方法，通过预处理程序提高人脸检测的性能。

（3）通过红外热传感器与无线通信设备的融合构建无线传感框架，通过增加传感器数量扩大红外热传感的覆盖范围，实现基于非携带式传感器的室内人体定位。

（4）设计了一种低成本、实时、稳定、自调节、非接触式设备的智能讲者追踪与捕获系统，可用于大规模在线开放课程的录制。

（5）在所提出的讲者追踪捕获系统中，实现单摄像头对人脸的检测与捕捉，并通过伺服电机的平移来调整摄像头的角度，将讲者保持在屏幕中央，解决传统在线课程视频录制模式的难点。

（6）通过结合人脸检测与无线传感技术实现人体定位，防止人脸检测中突然快速运动导致的检测失败，解决红外热传感器的非实时传感问题。

本书的组织架构如图1所示，具体安排如下：

第1章论述了现有人体定位技术的基础知识，包括人体定位技术的研究背景和重要社会价值，人体定位技术的两大分支：基于算法的人体定位技术和基于传感器的人体定位技术，在目标检测基础上实现的检测追踪。

第2章论述了采用视频分割方法对人脸检测进行预处理，并利用OpenVINO工具包对人脸检测进行加速，实现基于CPU平台的人脸检测定位。

第3章论述了基于红外热传感器和无线通信设备的非携带式传感器的人体定位框架。

第4章将人脸检测与无线传感相结合，设计了一个智能讲者追踪与捕获系统,并给出了该系统的性能评价。

第 5 章是对未来工作进行展望,包括如何扩展现有研究以及将人体定位技术融合虚拟现实技术应用于未来的数字社会。

图 1　本书组织架构

本书著者系上海工程技术大学专任教师,在本书撰写过程中,著者参考了国内外众多研究者的工作成果,在此向其作者表示衷心的感谢。

人体定位技术是一个广袤的研究领域,由于著者水平有限,书中难免存在疏漏之处,敬请专家、读者批评指正。

著　者

2024 年 2 月

目 录

第 1 章 人体定位技术概论 ... 1

1.1 人体定位技术的重要社会价值 ... 1
1.2 人体定位技术的不同发展分支 ... 3
    1.2.1 基于算法的人体定位技术 ... 4
    1.2.2 基于传感器的人体定位技术 ... 6
本章小结 ... 9
参考文献 ... 9

第 2 章 在通用芯片上实现实时人脸检测 ... 14

2.1 视频分割预处理 ... 14
    2.1.1 候选片段预选 ... 15
    2.1.2 切变检测 ... 18
    2.1.3 渐变检测 ... 22
2.2 基于人脸检测的人体定位 ... 25
    2.2.1 单镜头多框检测器和 MobileNet ... 25
    2.2.2 ADAS 网络架构 ... 26
2.3 融合预处理和加速人脸检测的人体定位 ... 28
    2.3.1 OpenVINO Toolkit 简介 ... 28
    2.3.2 基于视频分割的人脸检测 ... 29
    2.3.3 利用人脸检测实现人体追踪 ... 35
本章小结 ... 36
参考文献 ... 37

第 3 章 智能传感定位技术 ... 41

3.1 红外热传感定位 ... 41

3.1.1　AMG8833 …… 41
3.1.2　8-连通域标记算法 …… 42
3.2　无线通信集成环境 …… 43
3.2.1　Pycom WiPy 3.0开发平台 …… 44
3.2.2　Arduino UNO Wi-Fi …… 45
3.2.3　无线通信控制 …… 46
本章小结 …… 48
参考文献 …… 48

第4章　人体定位系统综合案例
——智能讲者追踪与捕获系统 …… 51

4.1　智慧教育应用背景 …… 51
4.1.1　大规模在线课程 …… 51
4.1.2　MOOCs授课视频 …… 54
4.1.3　现存讲者追踪与捕捉技术 …… 56
4.2　基于人脸检测和热传感器的智能讲者追踪与捕获系统 …… 57
4.2.1　系统框架 …… 57
4.2.2　实践案例 …… 59
4.2.3　系统性能 …… 61
本章小结 …… 67
参考文献 …… 68

第5章　总结与展望 …… 71

5.1　主要研究结论 …… 71
5.2　技术展望 …… 72
5.2.1　性能提升 …… 72
5.2.2　功能扩展 …… 73
本章小结 …… 75
参考文献 …… 75

第 1 章
人体定位技术概论

计算机视觉技术已广泛应用于现代社会,如视频监控、自动驾驶、智慧城市、智慧教育等。近年来,由于大型结构化多媒体数据集的进步和硬件设计的突破,基于深度学习的目标检测和定位方法已经从理论走向实践。利用人脸识别、人体识别实现的目标人体定位、追踪技术因其准确度高、实时特性已接近人类行为能力。

此外,无线传感技术因其高精度和非接触式特性在室内人体定位系统中发挥着重要作用。全景摄像机、深度摄像机等专用摄像设备,以及雷达、声呐、热传感器等非携带式定位设备,无论是在传统工业生产、社会保障,还是在促进现代化城市建设、智能制造等方面,均发挥着稳健持续的作用。本章介绍人体定位技术两大分支的发展现状,包括基于算法的人体定位技术和基于传感器的人体定位技术。

1.1 人体定位技术的重要社会价值

在基于大数据和计算机视觉的智能服务技术迅速发展的背景下,多媒体数据在社会各领域中发挥着重要作用,涉及自动驾驶[1,2]、工业控制[3]、智慧城市[4-6]等关乎人类文明发展与建设的数字化应用。多媒体数据库的迅速扩展为人工智能技术的发展提供了温床,在过去的二十年里,计算机视觉和模式识别的许多方法已经从理论走向了实践。与此同时,基于深度学习的目标分类、检测和定位方法作为机器学习的一个分支[7,8]，自2012年以来，得益于大型结构化多媒体数据集的进步和硬件设计的突破，得到了快速发展，引起了学术界和工业界的广泛关注。

近年来，一些利用卷积神经网络（convolutional neural network，CNN）实现的基于学习的实时检测和定位人体方法被提出[9,10]。然而，这些方法的实现依赖于高性能的图形处理单元（graphics processing unit，GPU）。此外，在基于学习的人体定位方法中，物体的突然快速移动可能导致目标丢失进而追踪定位失败。另外，基于传感器的人体定位技术因其精度高、功耗低等特点，在室内人体定位系统中得到广泛应用[11-13]。当基于传感器的人体定位技术付诸实践时，需要考虑以下三个因素：

①安装的便利性和用户的体验度。

②传感器与控制单元的同步。

③定位系统的实时性能。

针对上述基于学习的人体定位方法存在的问题，本书提出了一种基于视频分割的人脸检测预处理方法。同时，通过引入加速工具包，在标准中央处理器（central processing unit，CPU）上实现实时人脸检测进而达到人体定位的目的。此外，通过考虑上述传感器应用的三个因素，设计了一个融合红外热传感器和无线通信设备的基于传感设备的人体定位框架，以解决由于人体突然地、快速地移动而导致的人脸检测失败的问题。

为了评估本书研究技术的实用性，在第4章将人脸检测定位与无线传感相结合，实现了一种可用于大规模在线开放课程（massive open online courses，MOOCs）的智能讲者追踪与捕获系统。对于在线课程视频的录制，传统模式难以平衡经济成本和录制流程的灵活性。本书提出的非接触式、低成本、自调节的人体追踪与捕获系统将解决这一问题。在智能人体追踪捕获系统中，人脸检测与无线传感技术相结合，使用带有通信单元和控制模块的微控制器以及低功耗的伺服电机来控制摄像机的旋转,实现了实时稳定的讲者定位和追踪。

1.2 人体定位技术的不同发展分支

在过去的几十年里,已经提出了大量的定位技术来追踪室内和室外场景中的人体,包括基于算法的和基于传感器的人体定位方法。本节将回顾以往关于人体定位技术的经典方法和相关研究,图1-1给出了人体定位技术的主要类别。

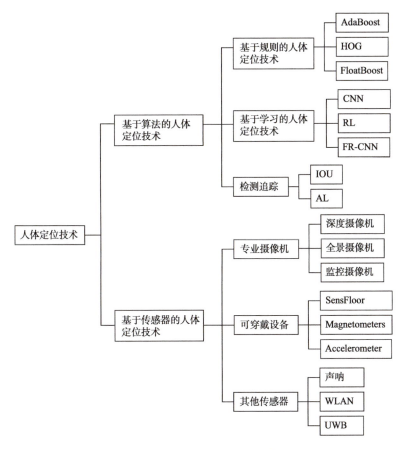

图1-1 人体定位技术的分类

1.2.1 基于算法的人体定位技术

1. 基于规则的人体定位技术

Viola 等[14]构建了一种高效的运动人体检测算法,该算法利用 AdaBoost 训练了一个融合运动信息和外观信息的检测器。Dalal 等[15]通过从 16×16 像素的局部区域提取边缘方向的空间分布,利用方向梯度直方图(histograms of oriented gradients,HOG)的稠密网格来检测人体。为了提高计算效率,Zhu 等[16]将中级联滤波器与 HOG 相结合来达到近实时人体检测,级联滤波器考虑不同尺寸的区块,并选择合适的区块子集。为了减少误报,文献[15]的工作与其他特征相结合,如 Dalal 等[15]提出将基于光流的运动描述符与 HOG 相结合[17]。类似地,Schwartz 等[18]引入纹理度量和颜色信息来补充 HOG 特征。

然而,前面提到的基于规则的人类定位技术,只专注于检测直立且完全可见的人体,如图 1-2 所示,而没有考虑检测部分可见的人体,这些方法的另一个局限是它们不能保证检测的实时性能(24 fps)。

图 1-2 直立且完全可见的人体图像[15]

同样,基于规则的人脸检测算法与人体检测算法具有相同的缺点。Viola 等[19]的工作提出了一种接近实时的人脸检测框架,通过使用积分图像计算大量特征,并通过 AdaBoost 学习挑选出重要的特征。但是,这种检测器只关注正面、平直的人脸,无法检测到背景光线过暗造成的黑色面孔。通过将浮动搜索纳入 AdaBoost,FloatBoost[20]由更少的弱分类器组成,并实现了更低的错误率。除此之外,Li 等[20]的研究还设计了一个统计模型,用于检测旋转角度在[-90°,+90°]范围内的人脸。Huang[21]等提出了多视角人脸检测(multiview face detection,MVFD)的概念,构建了一个速度范围为 10~15 fps 的旋转不变多视图人脸检测器,该检测器集成了宽度优先搜索(width-first-search,WFS)树结构、矢量增强算法和稀疏颗粒特征。

2. 基于学习的人体定位技术

近年来,人们提出了许多基于学习的方法来解决计算机视觉中的任务,如目标定位、检测、跟踪和图像分割等。多域学习网络(multi-domain network,MDNet)[9]是基于多域学习的离线预训练卷积神经网络(CNN)和具有单个特定域层的在线微调全连接层提出的。为了加速 MDNet,在 Real-Time MDNet[10]中使用了兴趣区域对齐(RoIAlign)来加速 Nam 等[9]提出的特征提取过程,在 Titan Xp Pascal GPU 上的执行速度达到 46 fps。然而,无论是 MDNet 还是 Real-Time MDNet 都存在由于突然大幅运动而导致的追踪失败的情况。

Held 等[22]提出了离线训练的基于回归网络的通用对象跟踪模型(offline-trained generic object tracking using regression networks,GOTURN),通过对大量视频进行训练来实时跟踪对象。GOTURN 能够在 GTX 680 GPU 上以 100 fps 的速度运行,但在 CPU 上只能达到 2.7 fps。Yun 等[23]提出了一种行动决策网络(action-decision network,ADNet),将监督学习(supervised learning,SL)和强化学习(reinforcement learning,RL)相结合,通过学习连续的动作特征来追踪目标。虽然 ADNet 的准确率比 GOTURN 高得多,但它的快速版在 GTX TITAN X GPU 上也只能以 15 fps 的速度运行。Jiang 等[24]将更快的 R-CNN (region-based CNN,区域卷积神经网络)应用于人脸检测,在 WIDER、FDDB 和 IJB-A 等三个人脸检测数据集上取得了较高的性能。然而,当图像分辨率为 350×450 px 时,在内存为 12 GB 的 GPU 上,Faster R-CNN 人脸检测的运行时间为每张图像 0.38 s,这对于实时应用系统来说是不可接受的。

3. 检测追踪

检测追踪（tracking-by-detection，TBD）是一类常用的目标追踪方法。Bochinski 等[25]提出了一种简单的基于交并比（intersection-over-union，IOU）的目标追踪器，它比复杂的传统方法具有更好的效果，追踪速度可达 100K fps。然而，在严重遮挡和较低的帧率情况下，IOU 追踪器的成功率会降低。这个问题可以通过整合 FR-CNN 检测来解决，但会导致运行速度的大幅下降。Song 等[26]提出将对抗性学习（adversarial learning，AL）集成到检测追踪框架（visual tracking via adversarial learning，VITAL）中，以减少单帧的过拟合并实现自适应 dropout。VITAL 在配备 Tesla K40c GPU 的机器上运行的平均速度为 1.5 fps。

1.2.2　基于传感器的人体定位技术

基于传感器的定位技术也广泛地应用在生产生活的方方面面，如使用特殊的摄影设备，包括深度摄像机[27]、全景摄像机[28]或多摄像机[29]等，然而这些设备的经济成本非常高。基于传感器的定位技术还有另外一个分支，即通过便携式传感器对被跟踪对象进行定位，如加速度计[30]、磁力计[31]和光电二极管[32]等设备。

1. 专业摄像机

深度摄像机为计算机视觉中的基本问题提供了新的解决方案。Xia 等[27]提出了一种基于 Kinect 的人体检测模型，利用 Kinect 生成深度图像，进而使用二维边缘检测器和三维形状检测器同时考虑深度图像中的边缘和深度变化信息。

Sun 等[28]将全景摄像机用于室内场景的人体定位。利用人工神经网络（artificial neural network，ANN）将全景摄像机捕获的监控图像上的像素位置映射到房间地图上。然而，安装在天花板上的全景摄像头拍摄的视频，由于鱼眼镜头造成的畸变较高，如图 1-3 所示，因此需要进行校准后才能进一步应用,以达到精准定位的目的。

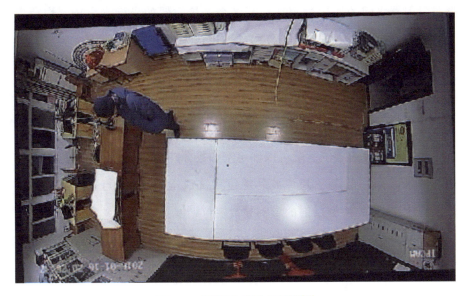

图 1-3 全景相机捕获的照片[28]

Liu 等[29]提出了一种基于识别手机和监控摄像头拍摄的图像位置的视觉定位方法。为了消除不同设备、不同时间和不同天气条件下图像之间的差异,利用基于子空间的无监督域自适应(domain adaptation,DA)方法来提高分类精度。在此基础上,采用半监督拉普拉斯支持向量机(Laplacian support vector machine,LapSVM)解决缺少标记训练样本的问题。

2. 可穿戴设备

Sousa 等[30]的研究将可穿戴加速度计与基于纺织品电容式传感器阵列的大面积传感器系统 SensFloor 集成在一起,通过检测人的脚步来跟踪和定位人。然而,在 SensFloor 覆盖的小范围内缺乏足够的步骤会导致错误的识别。

Magicol 是一种基于磁场的室内定位系统,由 Shu 等[31]提出。Magicol 中的位置特征是由安装在手机上的磁力计记录的局部干扰磁信号确定的。为了达到较高的精度,Wi-Fi 信号与磁信号融合,以准确估算人的位置。

Yasir等[32]提出利用一种室内位置跟踪系统,该系统通过多个光接收器与发射器之间的通信过程来估算多个光接收器的坐标和方向。白色发光二极管(light emitting diode,LED)被用作发射器,接收器是一种移动设备,配备了光电二极管(photo-diode,PD)和移动电话上的加速度计。此外,还引入了一种功率校正算法,通过合并PD之间的非零距离来提高精度。

3. 其他传感器

基于超声波的定位系统可以确定室内场景中物体的三维位置,精度可达几厘米[13]。尽管基于超声波的定位系统成本很低,但与基于红外的定位系统相比,受到声音反射的影响导致定位精度降低。

Sabek等[33]设计了一个精度为几米的无设备(device-free,DF)的WLAN定位系统,将概率能量最小化框架与具有马尔可夫模型的条件随机场相结合,来捕捉人体姿势之间的时空关系。该方法是考虑了人体的存在,会影响他所在WLAN区域的信号强度这一因素,进而通过检测信号的强弱来定位人体。

类似地,Pastina等[34]提出了一种室内监控系统,通过Wi-Fi传输检测和定位人类目标。此外,还引入了逆合成孔径雷达(inverse synthetic aperture radar,ISAR)技术,进一步提高监控系统的分辨能力。

超宽带(ultra wide band,UWB)技术也被应用于室内环境中的人体定位[35]。在基于UWB的定位系统中,传感器和接收机之间的有限时间数据传输会产生时间延迟,根据时间延迟来定位人体。同时利用扩展有限冲激响应(extended finite impulse response,EFIR)估计器提高了基于时滞的定位系统的鲁棒性。

上述基于传感器的人体定位技术由于成本高、安装复杂和需穿戴设备带来的不便而受到限制,难以普及。更为严重的是,传感器之间难以实现时间同步,仅仅依靠传感器进行定位会产生时延。总之,简单的基于传感器的人体定位技术距离实时和非接触式应用还有很大的提升空间。

本章小结

本章重点介绍了人体定位技术的研究背景及研究意义,分析了人体定位技术的重要社会价值,重点探讨了人体定位技术的不同发展分支及其研究现状,分别对基于算法的人体定位技术和基于传感器的人体定位技术进行了梳理,同时也分析了现有技术的局限性,提出了本书后续研究的必要性和现实意义。

参考文献

[1] SERRES J, DRAY D, RUFFIER F, et al. A vision-based autopilot for a miniature air vehicle:joint speed control and lateral obstacle avoidance[J]. Autonomous Robots, 2008, 25(1-2):103-122.

[2] DUFAUX F, LE CALLET P, MANTIUK R, et al. High dynamic range video:from acquisition, to display and applications[M]. Pittsburgh:Academic Press, 2016.

[3] WU D, SUN D W. Colour measurements by computer vision for food quality control-A review[J]. Trends in Food Science & Technology, 2013, 29(1):5-20.

[4] SAMAIYA D, GUPTA K K. Intelligent video surveillance for real time energy savings in smart buildings using HEVC compressed domain features[J]. Multimedia Tools and Applications, 2018, 77:29059-29076.

[5] LIU H B, WU F, CHEN Q, et al. Recognition of individual object in focus people group based on deep learning[C]//2016 International Conference on Audio, Language and Image Processing (ICALIP). IEEE, 2016:615-619.

[6] GAO Y, VILLECCO F, LI M, et al. Multi-scale permutation entropy based on improved LMD and HMM for rolling bearing diagnosis[J]. Entropy, 2017, 19(4): 176.

[7] KRIZHEVSKY A, SUTSKEVER I, HINTON G E. Imagenet classification with deep convolutional neural networks[J]. Communications of the ACM, 2017, 60(6): 84-90.

[8] REDMON J, DIVVALA S, GIRSHICK R, et al. You only look once: unified, real-time object detection[C]//Proceedings of the IEEE conference on computer vision and pattern recognition, 2016: 779-788.

[9] NAM H, HAN B. Learning multi-domain convolutional neural networks for visual tracking[C]//Proceedings of the IEEE conference on computer vision and pattern recognition, 2016: 4293-4302.

[10] JUNG I, SON J, BAEK M, et al. Real-time mdnet[C]//Proceedings of the European conference on computer vision (ECCV), 2018: 83-98.

[11] LEE S W, MASE K. Activity and location recognition using wearable sensors[J]. IEEE pervasive computing, 2002, 1(3): 24-32.

[12] YU C R, WU C L, LU C H, et al. Human localization via multi-cameras and floor sensors in smart home[C]//2006 ieee international conference on systems, man and cybernetics. IEEE, 2006, 5: 3822-3827.

[13] ZHANG D, XIA F, YANG Z, et al. Localization Technologies for Indoor Human Tracking[C]//2010 5th international conference on future information technology. IEEE, 2010: 1-6.

[14] VIOLA, SNOW. Detecting pedestrians using patterns of motion and appearance[C]//Proceedings ninth IEEE international conference on computer vision. IEEE, 2003: 734-741.

[15] DALAL N, TRIGGS B. Histograms of oriented gradients for human detection

[C]//2005 IEEE computer society conference on computer vision and pattern recognition (CVPR'05). IEEE, 2005, 1: 886-893.

[16] ZHU Q, YEH M C, CHENG K T, et al. Fast human detection using a cascade of histograms of oriented gradients[C]//2006 IEEE computer society conference on computer vision and pattern recognition (CVPR'06). IEEE, 2006, 2: 1491-1498.

[17] DALAL N, TRIGGS B, SCHMID C. Human detection using oriented histograms of flow and appearance[C]//Computer Vision-ECCV 2006: 9th European Conference on Computer Vision, Graz, Austria, May 7-13, 2006. Proceedings, Part II 9. Springer Berlin Heidelberg, 2006: 428-441.

[18] SCHWARTZ W R, KEMBHAVI A, HARWOOD D, et al. Human detection using partial least squares analysis[C]//2009 IEEE 12th international conference on computer vision. IEEE, 2009: 24-31.

[19] VIOLA P, JONES M J. Robust real-time face detection[J]. International journal of computer vision, 2004, 57: 137-154.

[20] LI S Z, ZHANG Z Q. Floatboost learning and statistical face detection[J]. IEEE Transactions on pattern analysis and machine intelligence, 2004, 26(9): 1112-1123.

[21] HUANG C, AI H, LI Y, et al. High-performance rotation invariant multiview face detection[J]. IEEE Transactions on pattern analysis and machine intelligence, 2007, 29(4): 671-686.

[22] HELD D, THRUN S, SAVARESE S. Learning to track at 100 fps with deep regression networks[C]//Computer Vision-ECCV 2016: 14th European Conference, Amsterdam, The Netherlands, October 11-14, 2016, Proceedings, Part I 14. Springer International Publishing, 2016: 749-765.

[23] YUN S, CHOI J, YOO Y, et al. Action-decision networks for visual tracking with deep reinforcement learning[C]//Proceedings of the IEEE conference on computer vision and pattern recognition, 2017: 2711-2720.

[24] JIANG H, LEARNED-MILLER E. Face detection with the faster R-CNN[C]//2017 12th IEEE international conference on automatic face & gesture recognition (FG 2017). IEEE, 2017: 650-657.

[25] BOCHINSKI E, EISELEIN V, SIKORA T. High-speed tracking-by-detection without using image information[C]//2017 14th IEEE international conference on advanced video and signal based surveillance (AVSS). IEEE, 2017: 1-6.

[26] SONG Y, MA C, WU X, et al. Vital: visual tracking via adversarial learning[C]//Proceedings of the IEEE conference on computer vision and pattern recognition, 2018: 8990-8999.

[27] XIA L, CHEN C C, AGGARWAL J K. Human detection using depth information by kinect[C]//CVPR 2011 workshops. IEEE, 2011: 15-22.

[28] SUN Y, MENG W, LI C, et al. Human localization using multi-source heterogeneous data in indoor environments[J]. IEEE Access, 2017, 5: 812-822.

[29] LIU P, YANG P, WANG C, et al. A semi-supervised method for surveillance-based visual location recognition[J]. IEEE transactions on cybernetics, 2016, 47(11): 3719-3732.

[30] SOUSA M, TECHMER A, STEINHAGE A, et al. Human tracking and identification using a sensitive floor and wearable accelerometers[C]//2013 IEEE International Conference on Pervasive Computing and Communications (PerCom). IEEE, 2013: 166-171.

[31] SHU Y, BO C, SHEN G, et al. Magicol: Indoor localization using

pervasive magnetic field and opportunistic WiFi sensing[J]. IEEE Journal on Selected Areas in Communications, 2015, 33(7): 1443-1457.

[32] YASIR M, HO S W, VELLAMBI B N. Indoor position tracking using multiple optical receivers[J]. Journal of Lightwave Technology, 2016, 34(4): 1166-1176.

[33] SABEK I, YOUSSEF M, VASILAKOS A V. ACE: An accurate and efficient multi-entity device-free WLAN localization system [J]. IEEE transactions on mobile computing, 2014, 14(2): 261-273.

[34] PASTINA D, COLONE F, MARTELLI T, et al. Parasitic exploitation of Wi-Fi signals for indoor radar surveillance[J]. IEEE Transactions on Vehicular Technology, 2015, 64(4): 1401-1415.

[35] XU Y, SHMALIY Y S, LI Y, et al. UWB-based indoor human localization with time-delayed data using EFIR filtering[J]. IEEE Access, 2017, 5: 16676-16683.

第 2 章
在通用芯片上实现实时人脸检测

在过去的十几年里,基于深度学习的人体定位方法日益成熟,已经广泛地应用在视频监控[1,2]、图像分析[3]、自动驾驶[4,5]等计算机视觉系统中。人脸检测和定位通常是这些应用中的关键步骤,特别是在视频分析、目标追踪等方面的应用中,是定位人体目标的常用方法。基于高级驾驶辅助系统(advanced driving-assistance systems,ADAS)的人脸检测方法因其逐通道和逐点卷积的方式,降低其计算量达到加速的目的,在人脸检测的基础上实现人体定位追踪,并通过OpenVINO工具包进行加速,可在CPU上实现实时应用。针对离线视频中的人脸检测应用,为了快速跳过没有人脸的图像帧,在人脸检测之前采用预处理步骤,即将视频序列分割成镜头,利用同一镜头内图像帧内容的近似性,快速跳过没有人脸的镜头,而在检测到人脸的镜头中,采用逐帧检测的方式,保证人脸检测的准确度。本章将首先介绍视频分割算法和ADAS网络架构,然后给出基于OpenVINO工具包和视频分割预处理的人脸检测方法,最后进行对比性实验结果分析。

●●●● 2.1 视频分割预处理 ●●●●

镜头是分析和检索视频的基本单位,也是构建视频数据集的基本要素。通常情况下,一个镜头中的连续帧与同一镜头中的第一帧内容相似。

那么,就可以进一步假设,如果在拍摄的第一帧画面中没有人脸,那么在接下来的连续若干帧内没有人脸的概率会非常高,因此可以通过在一定的间隔内跳过连续的图像帧,来达到加快人脸检测的目的。

在本节中,介绍了一种基于定向快速和旋转简短的描述符(oriented FAST and rotated BRIEF,ORB)[6]以及结构相似度(structural similarity,SSIM)[7]的视频分割方法,在实施人脸检测之前将视频序列分割成独立的镜头。视频分割方法由三个模块组成,如图2-1所示:

①候选片段预选;

②切变(cut transition,CT)检测;

③渐变(gradual transition,GT)检测。

切变是从一个镜头到下一个镜头的突然直接过渡。渐变是指前后两个镜头之间出现逐渐替换的过渡效果,可分为溶解、淡入、淡出和擦除等效果。候选片段预选模块用于快速选择可能存在镜头间过渡的候选片段,后两个模块分别用于检测切变过渡和渐变过渡。通过计算相邻帧间的差异来判断是否在候选片段中存在切变,如不存在切变进入渐变检测模块,进一步判断存在渐变。否则,算法直接返回候选片段预选模块。在图2-1上半部分所示的候选片段预选模块中,利用ORB描述符对视频序列中的候选片段进行预选,可以非常快速地从20帧的间隔中提取特征,达到快速筛选的目的。然后,通过进入CT检测模块,比较候选片段中相邻帧间的ORB和SSIM特征,检测该片段中是否存在镜头切变。如果候选片段中没有切变,则采用图2-1中最后一个GT检测模块,根据渐变模型检测候选片段中是否存在渐变。

2.1.1 候选片段预选

ORB[6]是一种基于快速关键点检测器[8]和简短特征描述符[9]的快速鲁棒视觉特征检测器。ORB描述符广泛应用于同步定位与地图构建

(simultaneous localization and mapping,SLAM)系统[10,11]和图像匹配系统[12]中。在候选片段预选模块中,使用ORB描述符提取每个段中20帧的最后一帧的特征。

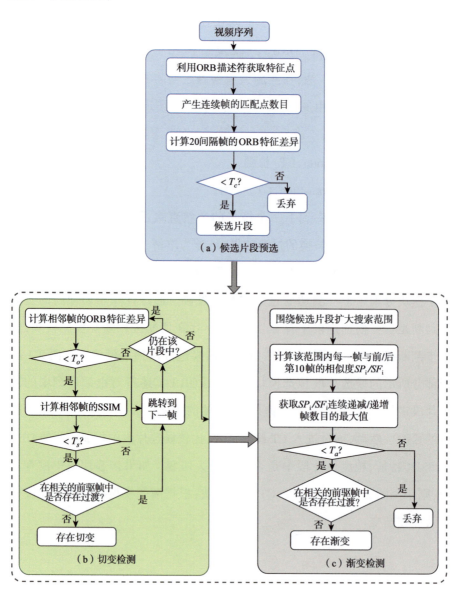

图2-1 视频分割方法流程图

假设在视频序列的 20 帧间隔中最多存在一次过渡是合理的。因此，该方法以 20 帧为一段进行候选段的预选，候选段可以包括一个 CT 或一个 GT。所提出的候选片段预选模块包括以下四个步骤：

①提取特征：将视频序列的每 20 帧作为一个片段，通过 ORB 描述符提取每一段最后一帧的特征，也就是说，利用快速检测器获得了这一帧中大量的关键点及关键点的特征描述。

②找出两个最接近的匹配点：使用 K 近邻（K-nearest neighbor，KNN）分类算法，为当前帧中的每个关键点（key point，kp），从前一个片段的最后一帧中找到两个最接近的匹配点（kp'_1 和 kp'_2）。

③统计好的匹配点数目：统计两个最近的匹配点之比来计算好的匹配点的数目。好的匹配点的数量是基于每个关键点计算的。对于每个关键点，计算如下：

$$N_{FF'} = \begin{cases} N_{FF'}+1 & \dfrac{\text{dis}1}{\text{dis}2}<0.75 \\ N_{FF'} & \text{其他} \end{cases} \quad (2\text{-}1)$$

其中，F 和 F' 分别是当前片段和前一片段的最后一帧；$N_{FF'}$ 是在 20 帧间隔内两帧间的好的匹配点个数；dis1 是 kp 到最接近的最佳匹配点 kp'_1 之间的距离，dis2 是 kp 到次最近的最佳匹配点 kp'_2 之间的距离，如果它们之比小于 0.75，则认为 kp 和 kp'_1 是好的匹配点。

④选择候选片段：如果 $N_{FF'}$ 小于阈值 T_c，则选择当前片段作为一个可能存在两个镜头的候选片段，在此步骤中可以快速丢弃大量没有镜头转换的片段。

候选片段预选阈值 T_c 与 ORB 提取的关键点个数和视频序列的分辨率有关。当视频序列的关键点个数和分辨率分别等于 300 和 320×240 时，T_c 的值应该足够小，来考虑视频中角的数目较少的图像帧，并根据经验将其设置为 10。候选片段预选模块执行后，从视频序列中找出具有潜在切变过渡或渐变过渡的候选片段。同时，ORB 描述符可能会产生一定数量的错误检测片段，在这些片段中存在快速的运动，被误认为是镜头间的过渡。在接下来的模块中，在每个候选片段中依次检测切变过渡和渐变过渡。图 2-2 所示的伪代码，给出了候选片段预选模块的简要实现过程。

```
Algorithm 1  候选片段预选
1: frame0 = Startframe;
2: ORB_descriptor(frame0);
3: for frame = Startframe + 20; frame < Endframe; frame+ = 20 do
4:     ORB_descriptor(frame);
5:     N_{FF'} = Match(frame0, frame);
6:     if N_{FF'} < T_c then
7:         CT_detection(frame);
8:     end if
9:     frame0 = frame;
10: end for
```

图 2-2　候选片段预选模块伪代码

2.1.2　切变检测

对每个候选片段中连续两帧利用 ORB 描述符提取其特征值，若两帧间好的匹配点数目小于阈值 T_o，则认为当前片段可能存在一个切变，当前帧是这个潜在切变过渡中后一个镜头的第一帧，即它是一个镜头的开始。与 T_c 类似，T_o 的取值与 ORB 提取的关键点数量和视频序列的分辨率有关。根据经验值，当关键点数目为 300，分辨率为 320×240 时，T_o 设置为 45。然而，可能同时出现一定数量的错误的切换过渡检测。由于 ORB 检测的视觉特征是基于关键点的，因此会将连续的黑暗图像视为新的切变过渡，如图 2-3(a) 所示。另一种情况是，在视频序列中有较大的前景物体。如图 2-3(b) 所示，当目标在连续帧中运动时，由于对应的关键点不能很好地匹配，所提出的切变检测算法失效。因此，为了解决这些误检测问题，进一步通过应用 SSIM 来改进检测到的切变转换，以去除误检的切变转换。

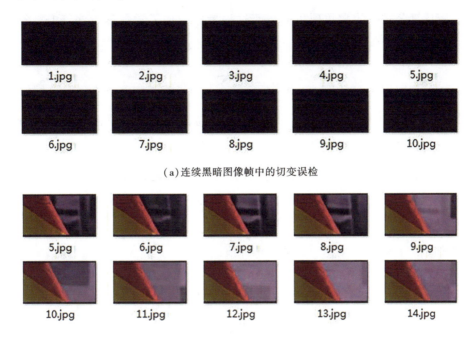

(a) 连续黑暗图像帧中的切变误检

(b) 较大前景目标的连续帧中的切变误检

图 2-3 ORB 描述符误检测的切变

在通过计算帧间 ORB 特征的差异检测到潜在的切变转换后,引入了 SSIM 指标来解决上述误检测问题。SSIM[7] 是一种新型图像质量评估方法,用于评估参考图像和失真图像之间的差异。在本书中,使用 SSIM 指标来衡量每个检测到的 CT 的第一帧与其前一帧之间的结构相似性,利用结构相似性来评判两帧之间的差异,进而确定两个连续帧是否属于同一个镜头。

SSIM 指标包括三项内容:亮度比较、对比度比较和结构比较。连续两帧之间的亮度比较定义为

$$l(f, f'') = \frac{2\mu_f \mu_{f''} + C_1}{\mu_f^2 + \mu_{f''}^2 + C_1} \qquad (2\text{-}2)$$

其中,f 为 ORB 检测到的潜在 CT 中第一帧的一个子窗口(块);f'' 为第一

帧的前一帧对应的子窗口；常数 C_1 用来避免分母为零，对比度比较和结构比较计算公式中的常数项也是出于这种考虑增加了常数项[8]；μ_f 和 $\mu_{f''}$ 分别为第一帧和它前一帧的平均亮度。μ_f 的定义如下：

$$\mu_f = \frac{1}{N}\sum_{i=1}^{N} f_i \qquad (2\text{-}3)$$

式中，f_i 为局部子窗口的第 i 个像素；N 为局部子窗口的总像素数。Zhou 等[7]验证了局部 SSIM 指标优于全局 SSIM 指标。

接下来，连续帧中两个对应窗口的对比度比较定义为

$$c(f,f'') = \frac{2\sigma_f \sigma_{f''} + C_2}{\sigma_f^2 + \sigma_{f''}^2 + C_2} \qquad (2\text{-}4)$$

式中，σ_f 为标准差，用作对比度的估计值：

$$\sigma_f = \left[\frac{1}{N-1}\sum_{i=1}^{N}(f_i - \mu_f)^2\right]^{\frac{1}{2}} \qquad (2\text{-}5)$$

进一步，定义连续帧中两个对应窗口的结构比较为

$$s(f,f'') = \frac{\sigma_{ff''} + C_3}{\sigma_f \sigma_{f''} + C_3} \qquad (2\text{-}6)$$

式中，$\sigma_{ff''}$ 为 f 和 f'' 的协方差，用于度量结构相似性，其定义如下：

$$\sigma_{ff''} = \frac{1}{N-1}\sum_{i=1}^{N}(f_i - \mu_f)(f''_i - \mu_{f''}) \qquad (2\text{-}7)$$

接着要整合这三项，将式(2-2)、式(2-4)和式(2-6)组合起来，$C_3 = C_2/2$。进一步，定义连续帧中两个对应窗口的结构比较为

$$\text{SSIM}(f,f'') = l(f,f'') \cdot c(f,f'') \cdot s(f,f'') \qquad (2\text{-}8)$$

即

$$\text{SSIM}(f,f'') = \frac{(2\mu_f \mu_{f''} + C_1)(2\sigma_{ff''} + C_2)}{(\mu_f^2 + \mu_{f''}^2 + C_1)(\sigma_f^2 + \sigma_{f''}^2 + C_2)} \qquad (2\text{-}9)$$

最后，使用 SSIM 的均值来评估整体图像帧的相似度，如下所示：

$$\text{MSSIM}_{FF''} = \frac{1}{M}\sum_{j=1}^{M}\text{SSIM}(f_j, f''_j) \qquad (2\text{-}10)$$

其中，F 和 F''' 分别是切变过渡镜头中的第一帧及其前一帧；M 是当前帧中的局部子窗口个数。

如上所述，首先通过比较候选片段中两个连续帧的 ORB 特征来检测 CT。如果连续帧中良好匹配关键点的数目小于阈值 T_o，则计算连续帧之间的结构相似度，以改进 CT 检测结果，剔除误检测。这里，将结构相似度的阈值 T_s 设置为 0.7，以实现具有更高容忍度的高召回率。为了提高准确率，通过计算实际值与阈值之间的差值，得到当前帧的自信系数 $F(CC_F)$，并归一化为 0~1 的范围。自信系数定义为

$$CC_F = \frac{T_o - N_{FF''}}{T_o} + \frac{T_s - \mathrm{MSSIM}_{FF''}}{T_s} \tag{2-11}$$

式中，$N_{FF''}$ 是当前帧和其前一帧之间良好匹配关键点的数目；CC_F 的取值范围为 0~2，表示当前帧作为 CT 第一帧的自信度。基于 CC_F 考虑回看相应的前一帧，这样做的目的是避免当前帧与其连续帧之间的差异是由于之前的转换造成的错误检测。回看机制定义为

$$N_{lb} = \begin{cases} \mathrm{NULL} & CC_F \leq 1 \\ 2 \times \mathrm{FR} & 1 < CC_F \leq 1.5 \\ 1 \times \mathrm{FR} & 1.5 < CC_F \leq 1.7 \\ 0 & CC_F > 1.7 \end{cases} \tag{2-12}$$

式中，N_{lb} 为查找前一个过渡是否存在的回看帧数；FR 为视频序列的帧频。回看机制的详细描述如下：

①如果当前帧的自信系数 CC_F 小于 1，则表示当前帧不是切换过渡镜头的第一帧，N_{lb} 不需要赋值。

②否则，如果 CC_F 大于 1.7，则直接将当前帧识别为新镜头的第一帧。候选片段中其余的帧不再被考虑，记录当前帧为一个镜头的第 1 帧，跳转到下一个视频序列片段，继续执行候选片段预选模块。

③在其他情况下，只有在之前的 N_{lb} 帧中不存在一个视频过渡时（包括

切变和渐变两种情况），当前帧才被识别为新镜头的第一帧。

如图 2-1 所示，在以下三种情况下，当前帧不被识别为 CT 的第一帧：

① $N_{FF''}$ 大于 T_o；

② SSIM 大于 T_s；

③ 对应的前几帧存在过渡。

遍历该候选片段中的所有帧后，如果没有 CT，则在下面的渐变检测模块中从候选片段中检测 GT。图 2-4 给出了 CT 检测算法的伪代码。

```
Algorithm 2 CT detection
1:  for i = 1; i < 20; i + +  do
2:      frame1 = frame + i;
3:      ORB_descriptor(frame1);
4:      N_{FF''} = Match(frame1 − 1, frame1);
5:      if N_{FF''} < T_O then
6:          M_{FF''} = MSSIM(frame1 − 1, frame1);
7:          if M_{FF''} < T_S then
8:              if Look_back = False then
9:                  CT Exist;
10:                 Break;
11:             end if
12:         end if
13:     end if
14: end for
15: if i = 20 then
16:     Gt_detection(frame);
17: end if
```

图 2-4　CT 检测伪代码

2.1.3　渐变检测

每一个没有 CT 的候选片段都可能存在潜在的 GT。在渐变过渡中，前一个镜头逐渐转变为下一个镜头，中间的过渡帧融合了前后两个镜头的内容，也就是说，GT 中的图像帧同时具有前一镜头和后一镜头的特征。理论上，与前一个镜头内容的相似度逐帧递减，同时，与下一个镜头内容的相似度逐帧递增。在本书提出的渐变检测模块中，采用当前检测帧的前 10 帧和后 10 帧分别代表前一镜头和后一镜头。

图 2-5 为渐变过渡模型,图中显示了 GT 中每帧与其前第 10 帧和其后第 10 帧结构相似度的变化规律。当 GT 发生时,候选片段中各帧与其前 10 帧的结构相似度呈持续下降的趋势。同时,候选片段中各帧与其后的第 10 帧之间的结构相似度呈持续增加的趋势,也就是说,GT 中各帧与前一镜头画面内容越来越不相似,而与后一镜头画面内容越来越相似,如图 2-5(a)所示。图 2-5(b)给出了与图 2-5(a)对应的图像帧内容,第一行为视频序列中编号为 1 341~1 350 的图像帧,第二行为 1 351~1 360 的图像帧,属于同一个发生渐变的候选片段。

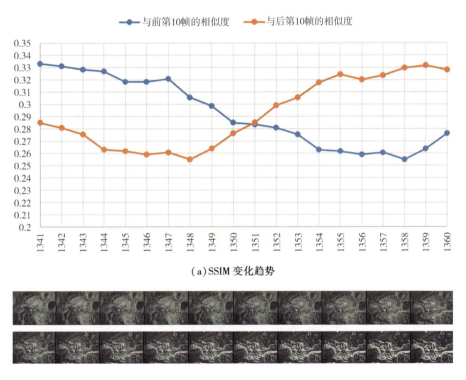

(a) SSIM 变化趋势

(b) 候选片段中的图像帧

图 2-5　渐变模型

渐变过渡检测模块分为以下四个步骤:

①扩大搜索范围：一个渐变过渡可能发生在多个候选片段之间。因此，在检测渐变之前，通过增加当前候选片段的前 10 帧和后 10 帧来扩大搜索范围。

②计算 SSIM：扩大搜索范围后，计算该范围内每帧与其前/后第 10 帧之间的 SSIM，记为 SP_i/SN_i。

③获取最大值：遍历范围内的所有帧，同时获得 SP_i 不断减小，SN_i 不断增大的帧的最大值。

④回看：回顾机制也是基于最大值来考虑的。如果最大值足够大，则直接确定 GT 是否存在。否则，当 SP_i 不断减小，SN_i 不断增大的帧数目的最大值都大于阈值 T_a 时，将执行回看功能，回溯到相应的先前帧以确定是否在先前连续视频片段中已经存在镜头过渡，也就是分析目前的相似度变化，是否为延续前面镜头过渡产生的，而非新的镜头过渡。图 2-6 给出了 GT 检测伪代码。

```
Algorithm 3 GT detection
1: for i = 1; i < 20; i + + do
2:     frame2 = frame + i;
3:     M_Previous_Shot = MSSIM(frame2 − 10, frame2);
4:     M_Next_Shot = MSSIM(frame2, frame2 + 10);
5:     C_d = Count(continuously decreasing M_Previous_Shot);
6:     C_i = Count(continuously increasing M_Next_Shot);
7: end for
8: if Max(C_d) > T_a and Max(C_i) > T_a then
9:     if Look_back = False then
10:        GT Exist;
11:    end if
12: end if
```

图 2-6　GT 检测伪代码

当在搜索范围内，计算跨 10 帧间隔的 SSIM 指标后，未能检测出 GT

时,进一步提取 10 帧间隔的 ORB 特征来提高 GT 检测的查全率。使用 ORB 进行 GT 检测时,同样采用上述 SSIM 指标分析相同的步骤。

经过 CT 和 GT 检测后,将视频序列分割成多个镜头。在接下来的人脸检测步骤中,可以根据同一镜头中连续帧的相似性,亦即不同镜头中帧的不相似性,快速跳过没有人脸的图像帧,而在快速跳帧过程中,如检测到人脸,则回溯到该帧所在镜头的第一帧,既通过跳帧的方式提高了检测速度,又通过回溯的方式保证较高的查全率。

2.2 基于人脸检测的人体定位

在人脸检测过程中,采用以捕捉人脸和上肢为重点的 ADAS 检测器,通过检测人脸来定位人体的位置。然后,利用 OpenVINO Toolkit 对 ADAS 检测器进行加速,以便在 CPU 上实现实时处理,这就很好地解决了目前多数人脸检测算法依赖于专业图形处理器 GPU 的问题,使该算法更具有普适性。最后,在视频分割预处理的基础上,在每个镜头的第一帧中实现人脸检测。如果第一帧中没有人脸,则人脸检测方法每隔 20 帧跳转,即跨 20 帧进行跳帧检测。否则人脸检测是逐帧进行的,也就是说如果在镜头的第 1 帧检测到了人脸,那么根据镜头内连续帧的相似性,后续图像帧存在人脸的可能性很高,所以采用逐帧检测人脸的方式。

2.2.1 单镜头多框检测器和 MobileNet

ADAS 人脸检测网络架构主要是受到单镜头多框检测器(single shot multibox detector, SSD)[13]和 MobileNet[14]的启发。前者是一种 one-stage 目标检测方法,通过单个深度神经网络(DNN)同时预测类别和位置。后者用深度和 1×1 点逐点卷积取代了标准卷积模式[15],以提高检测速度。

小规模的卷积滤波器用来预测目标类别和 SSD 中默认的边界框（bounding boxes）的偏移量。此外，SSD 利用先验框来处理几个具有不同分辨率的特征地图上不同大小的对象，并对于每个先验框都预测位置和类别的自信度。

在人脸检测模块中，为了避免 SSD 在高分辨率输入下的检测速度下降，引入了 MobileNet。通过引入深度纵向和逐点卷积层，大大减少了整个神经网络的计算量。对于输入大小为 $H×W$，通道数量为 C，核数为 K 个 $3×3$ 的标准卷积层，其计算代价为 $H×W×C×K×3×3$。与之不同的是，深度纵向分离卷积和逐点可分层网络，其计算代价分别为 $H×W×C×3×3$ 和 $H×W×C×K×1×1$。因此，总计算成本为两者相加，即 $H×W×C×(3×3+K)$。所以 ADAS 与标准卷积神经网络在计算成本方面的压缩比为

$$R = \frac{H×W×C×(3×3+K)}{H×W×C×K×3×3} = \frac{3×3+K}{K×3×3} \tag{2-13}$$

例如，如果 K 为 128，则 R 近似等于 0.12，这意味着使用 $3×3$ 深度可分离卷积进行人脸检测的计算量比标准卷积少 8 倍，而精度却降低很小[14]。

2.2.2　ADAS 网络架构

人脸检测模块的主干如图 2-7 所示。将网络体系结构中相似的部分进行浓缩，各层的命名参照参考 Howard 等[14]的研究成果。深度卷积层和逐点卷积层之后都跟随着非线性批量归一化（Batchnorm）运算和 ReLU 激活函数。

如上所述，ADAS 检测器主要关注人体的面部和上肢，适合于第 4 章中提出的智能讲者追踪与捕获（ILTC）系统来捕捉讲者授课、讲座的过程。在未来的拓展工作中，可以将识别人体的面部表情和手势应用到 ILTC 系统中。

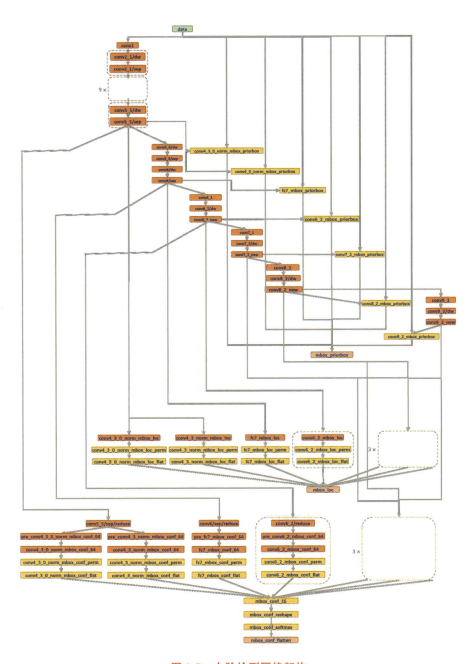

图 2-7 人脸检测网络架构

2.3　融合预处理和加速人脸检测的人体定位

目前,大多数基于深度学习的实时目标检测方法都是在 GPU 上运行的,显然,其运行所需经济成本太高,无法得到广泛的应用,很难在日常生产生活中发挥实际作用。为了在通用 CPU 上运行人脸检测,采用 OpenVINO 工具包进一步加速 ADAS 的人脸检测速度,使其达到通用处理器上的实时运行(处理速度大于等于 24 fps)。

2.3.1　OpenVINO Toolkit 简介

OpenVINO 是 Intel 公司推出的一个深度学习部署工具包,它在通过多个 Intel 架构开发应用程序和解决方案以及在带有 CPU、GPU 或 VPU 的 Intel 平台上加速和部署 CNN 方面非常有用。

OpenVINO 的主要功能包括:

①开发和优化使用 OpenCV 等经典行业工具构建的传统计算机视觉应用。

②在 Intel 平台上部署神经网络模型,其中嵌入了针对预训练模型的优化器和针对 Intel 硬件的推理引擎。

③极大地利用英特尔硬件的加速特性,这些硬件包括 CPUs、FPGAs 或 Movidius VPUs 等。

在过去的几年里,OpenVINO 通过模拟人类视觉,能够快速完成物体检测、动作识别和其他行为,在辅助驾驶系统中表现出了非常好的性能。

如图 2-8 所示,在 Caffe、TensorFlow 或百度飞桨等深度学习框架中训练的模型,可以通过 OpenVINO 的模型优化器和推理引擎进行优化。深度模型的结构文件和权重文件分别转换为 bin 文件和 XML 文件。最终,可以实现在通用 CPU 上实时运行 CNN[16,17]。例如,将保存在 Caffe 框架下的 prototxt 文件中的 ADAS 神经网络配置信息转换为 xml 文件,将保存在 caffmodel 文件中的 ADAS 权值转换为 bin 文件。因此,该方法无须调用大量库文件来支持 Caffe 框架,即可快速实现人脸检测,提高了检测速度。借助 OpenVINO 工具包,ADAS 人脸检测模型经过优化后,在 CPU(Intel i7-8700,主频 3.2 GHz)上以每秒 25 帧的速度运行。

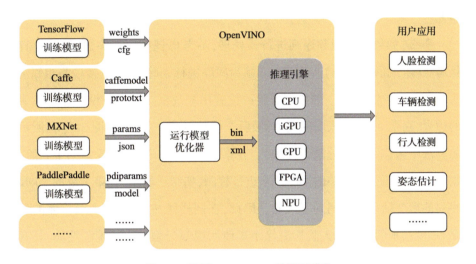

图 2-8　基于 OpenVINO 的模型优化

2.3.2　基于视频分割的人脸检测

1. 实现过程

如 2.1 节所述,视频序列经过切变检测和渐变检测后可以被分割成独立的镜头,那么可以结合视频分割预处理来提高人脸检测的效率,优先在每个镜头的第一帧中实施人脸检测来快速跳过没有人脸出现的镜头。可以假设,在同一个镜头中的连续图像帧与同一镜头中的第一帧在画面内容上具有相似性,因此它们的视觉特征值也会比较接近,近似地考量在一个 20 帧间隔的视频片段中,如果同属于一个镜头,那么每一帧的画面内容都与该片段中的第一帧内容接近。如果第一帧中没有人脸,人脸检测方法每隔 20 帧跳转到该帧。否则,人脸检测是逐帧实现的。

基于同一镜头中帧的相似性和不同镜头中帧的差异性,人脸检测模块可以快速跳过没有人脸的帧。因此,人脸检测过程可以加快数倍。理论上,当一个镜头中人脸帧数较少时,采用视频分割的人脸检测比未采用视频分割的人脸检测快 20 倍,因为实施人脸检测时采用了跨 20 帧的跳帧检测。

那么,如果不对视频序列进行预处理,不考虑视频中镜头边界问题,直接跨 20 帧,如图 2-9(a)所示,以 20 帧为间隔进行人脸检测,直接检测相邻镜头中 20 帧间隔的人脸。被检测人脸的位置用绿线框定。由于没有考虑镜头的边界,在前 20 帧的人脸间隔中,最后 7 帧被忽略。相反,如图 2-9(b)所示的算法中考虑了视频分割预处理,当在第 2 组 20 帧序列中,检测到了人脸,则会返回到第二个镜头的第一帧来进行检测,如结果所示,在第 1 组的 20 帧序列的后 7 帧中也检测到了人脸。因此,在同样跳 20 帧实施人脸检测的情况下,使用视频分割的人脸检测优于未使用视频分割的人脸检测性能,具有更高的查全率。

(a)基于 20 帧间隔的人脸检测

(b)基于视频分割的人脸检测

图 2-9　相邻镜头的人脸检测

第 2 章 在通用芯片上实现实时人脸检测

图 2-10 给出了三种人脸检测方法的示意图,包括:逐帧人脸检测、无视频分割预处理的跳帧人脸检测和有视频分割预处理的跳帧人脸检测,其中跳帧都是跨 20 帧间隔。图 2-10 中的箭头表示执行人脸检测的图像帧。基于视频分割的人脸检测方法通过每隔 20 帧跳转来提高检测速度,通过回溯到当前镜头的第一帧来提高检测精度。而无视频分割预处理的跳帧人脸检测,只实施每隔 20 帧执行人脸检测,而没有回溯的动作。

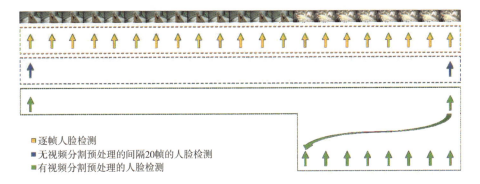

图 2-10　人脸检测示意图

2. 检测性能

测试视频序列由 RAI 数据集[18]中的 10 个视频和来自 YouTube 及优酷的综艺、卡通和新闻视频组成,这些视频中存在一定数量的人脸图像帧。在 13 个视频中,有 8 个视频中出现人脸的图像帧数量,超过了总图像帧数量的一半以上。同时,对比了经过视频分割预处理和不经过视频分割预处理的人脸检测结果,以此来说明预处理过程对于提高查全率产生的作用。表 2-1 说明了这 13 个视频序列的帧数、分辨率、帧频和来源等特征。

表 2-1　实验用视频序列特征

视频文件	帧 数	分 辨 率	帧 频	来　源
21829	14541	960×540	25	RAI 数据集[18]
21867	14283	960×540	25	
23553	14266	960×540	25	
23557	14760	640×480	25	
23558	14775	640×480	25	
25008	15000	1024×768	25	
25009	15000	1024×768	25	
25010	15000	1024×576	25	
25011	15000	640×360	25	
25012	15000	640×360	25	
综艺	2494	426×240	30	YouTube
卡通	2256	720×406	25	优酷
新闻	3508	384×288	15	优酷

（1）与无预处理的人脸检测结果对比

表 2-2 给出了经过视频分割预处理和不经过视频分割预处理的人脸检测对比结果,检测速度以每秒帧数（FPS）为单位。其中 P、R 和 F1 分别表示人脸检测的准确率（Precision,P）、召回率（Recall,R）和 F 值（F-Measure,F1）[19]。

表 2-2　无视频分割预处理与有视频分割预处理的人脸检测性能对比

视频文件	无视频分割的人脸检测				基于视频分割的人脸检测			
	FPS	P/%	R/%	F1/%	FPS	P/%	R/%	F1/%
21829	23	99.5	99.6	99.5	58	99.7	98.7	99.2
21867	25	96.5	99.7	98.1	97	97.1	99.3	98.2
23553	25	99.2	95.5	97.3	113	100	93.4	96.6
23557	25	90.6	85.8	88.1	77	92.8	83.7	88.0
23558	26	45.2	98.9	62.0	**466**	49.2	97.4	65.4
25008	23	99.7	96.4	98.0	46	99.9	95.9	97.9
25009	22	98.4	94.9	96.6	49	98.9	93.3	96.0

续表

视频文件	无视频分割的人脸检测				基于视频分割的人脸检测			
	FPS	P/%	R/%	F1/%	FPS	P/%	R/%	F1/%
25010	26	97.9	95.8	96.8	51	98.5	94.3	96.4
25011	23	99.8	97.7	98.7	63	99.9	95.1	97.4
25012	24	100	98.7	99.3	63	100	96.8	98.4
综艺	29	100	97.4	98.7	73	100	95.1	97.5
卡通	26	91.6	73.4	81.5	156	100	73.4	84.7
新闻	23	97.9	95.1	96.5	96	98.6	93.6	96.0
平均	25	93.6	94.5	**93.2**	**108**	95.0	93.1	**93.2**

如表 2-2 所示,经过视频分割的人脸检测与不经过视频分割的人脸检测的 F1 平均分数完全相同,但前者的检测速度比后者快 4 倍,预处理过程的时间消耗是后者的 1/5。值得注意的是,在视频 23558 上运行带有视频分割的人脸检测的速度比没有视频分割的检测速度快了接近 18 倍,正是因为视频 23558 包含人脸的图像帧非常少。我们可以合理地假设,如果无人脸的图像帧在总图像帧中的占比增加,则检测速度会更快。综上所述,视频分割预处理程序可以快速跳过没有人脸的图像帧,从而加快人脸检测速度,特别是对于人脸帧数较少的视频。

(2)与 20 帧间隔的人脸检测结果对比

表 2-3 给出了基于 20 帧间隔的人脸检测和基于视频分割的人脸检测在检测速度、精度、召回率和 F1 分数方面的比较结果,前者处理的视频序列并未经过预处理,而是直接采用了间隔 20 帧的跳帧检测方式。

表 2-3　基于视频分割和基于 20 帧间隔的人脸检测性能对比

视频文件	基于 20 帧间隔的人脸检测				基于视频分割的人脸检测			
	FPS	P/%	R/%	F1/%	FPS	P/%	R/%	F1/%
21829	60	99.9	97.0	98.4	58	99.7	98.7	99.2
21867	112	97.7	96.4	97.0	97	97.1	99.3	98.2
23553	125	99.4	87.7	93.2	113	100	93.4	96.6
23557	95	95.8	66.4	78.4	77	92.8	83.7	88.0

续表

视频文件	基于20帧间隔的人脸检测				基于视频分割的人脸检测			
	FPS	P/%	R/%	F1/%	FPS	P/%	R/%	F1/%
23558	485	49.7	90.6	64.2	466	49.2	97.4	65.4
25008	52	100	90.2	94.8	46	99.9	95.9	97.9
25009	60	99.7	86.7	92.7	49	98.9	93.3	96.0
25010	70	99.6	88.1	93.5	51	98.5	94.3	96.4
25011	64	100	91.6	95.6	63	99.9	95.1	97.4
25012	68	100	94.5	97.2	63	100	96.8	98.4
综艺	75	99.9	85.7	92.3	73	100	95.1	97.5
卡通	171	100	35.1	52.0	156	100	73.4	84.7
新闻	101	98.8	86.8	92.4	96	98.6	93.6	96.0
平均	**118**	**95.4**	84.4	87.8	108	**95.0**	**93.1**	**93.2**

如表2-3所示,基于20帧间隔的人脸检测方法在13个视频序列上的平均检测速度为118帧/秒,是逐帧人脸检测速度的4.72倍。基于视频分割的人脸检测的速度是逐帧人脸检测速度的4.32倍,比20帧间隔内的人脸检测的识别率低0.4倍。然而,由于视频分割的召回率高,其人脸检测的F1分数比单纯间隔20帧的人脸检测的相应参数高出了5.4个百分比。

(3) 与其他基于CPU的人脸检测方法对比

Zhang等[20]提出了一种新的人脸检测器,称为FaceBoxes,能够达到检测速度和精度性能之间的平衡,可以在CPU设备上实时运行。Deng等[21]提出了一种稳健的基于轻量级神经网络的单级人脸检测器,称为RetinaFace,在其预发表版本中描述,RetinaFace可以在Intel i7-6700K CPU上实时处理VGA标准分辨率的图像。

从表2-4可以看出,在通用CPU Intel i7-9750H上运行基于视频分割的人脸检测方法,13个视频的平均检测速度和准确率都优于FaceBoxes和RetinaFace中的基于CPU的人脸检测方法。在去除敏感视频——卡通视频后,RetinaFace的F1分数比基于视频分割的方法高出1.2个百分比,但视频分割人脸检测方法的处理速度比 RetinaFace 快了近 61 倍。

表 2-4 基于视频分割和其他基于 CPU 的人脸检测方法的对比结果

视频文件	FaceBoxes		RetinaFace		基于视频分割的人脸检测	
	FPS	F1/%	FPS	F1/%	FPS	FQ/%
21829	19	98.9	1.7	99.0	58	99.2
21867	20	98.3	1.6	98.5	97	98.2
23553	21	95.8	1.7	98.3	113	96.6
23557	26	77.7	1.7	86.6	77	88.0
23558	25	65.8	1.9	83.5	466	65.4
25008	15	95.4	1.7	95.9	46	97.9
25009	14	98.3	1.9	97.3	49	96.0
25010	17	95.1	1.5	94.0	51	96.4
25011	25	99.1	1.7	99.8	63	97.4
25012	27	98.4	1.7	99.2	63	98.4
综艺	61	84.9	1.5	94.6	73	97.5
卡通	27	17.3	1.5	10.0	156	84.7
新闻	60	87.5	1.6	94.9	96	96.0
平均	27	85.6	1.7	88.6	**108**	**93.2**
平均（去除卡通）	28	91.3	1.7	95.1	104	93.9

2.3.3 利用人脸检测实现人体追踪

检测追踪是一种常用的目标追踪方法[22-24]。对于离线人体追踪，人脸检测提供的结果包括人脸边界框的位置。人脸边界框在连续帧之间的位置偏移描述了人的运动。不同目标的区分是通过结合光流[25]和交并比（intersection-over-union，IOU）[26]来追踪多目标解决的，但这不是我们研究的重点。

在第 4 章中给出了一种基于在线人脸检测的智能讲者追踪与捕获系统，利用 ADAS 检测器对教室或实验室中的讲者进行定位。当讲者以正常速度移动时,通过伺服电机的平移来调整摄像机的角度,摄像机捕捉到讲者授课画面,并且通过旋转伺服电机使讲者始终保持在拍摄画面的中央。伺服电机根据人脸检测模块的定位结果旋转到一定角度,具体执行过程见4.2节。旋转角度计算公式如下:

$$A_i = \begin{cases} A_{i-1} & |C_l - C| \leq T \\ A_{i-1} - (C_l - C)/C & \text{其他} \end{cases} \quad (2\text{-}14)$$

其中,A_i 和 A_{i-1} 分别代表当前帧和前一帧伺服马达的角度;C 为图像帧在水平方向的中心,等于图像帧宽度的二分之一;C_l 为讲者水平方向的中心,由被检测到的讲者脸部位置计算得出;T 为旋转阈值,当图像帧分辨率为 450×320 时,T 设置为 50。具体来说,如果讲者中心与屏幕中心之间的水平偏移量小于 50 像素时,伺服电机不会被旋转,摄像机角度不变,以避免频繁移动造成拍摄画面不连贯。同时,伺服电机的旋转速度不超过 1 度/帧,保证摄像机运动的平稳性。

人体突然或快速的移动很容易导致人脸检测失败,这是基于学习的追踪方法中普遍存在的问题[26,27],此时,可以采用无线传感追踪的方式来解决这个问题,如通过检测人体的温度来定位人体的位置。

●●● 本 章 小 结 ●●●

本章首先提出了基于 ORB 和 SSIM 的图像帧特征指标的镜头分割方法,在该方法中通过候选片段预选、切变检测、渐变检测三个模块实现了快速准确的自动分割视频序列,找到镜头的过渡位置,将视频序列分割成独立的镜头。接下来介绍了可用于人脸检测的 ADAS 深度学习方法的起源、优势及其网络架构。最后说明了基于人脸检测的人体定位技术,该技术融合了视频分割预处理和 OpenVINO 加速包,能够实现运行在通用 CPU 上的人体目标定位,同时分析该系统存在的问题,引出基于传感设备实现人体定位的客观需求。

参 考 文 献

[1] SAMAIYA D, GUPTA K K. Intelligent video surveillance for real time energy savings in smart buildings using HEVC compressed domain features [J]. Multimedia Tools and Applications, 2018, 77: 29059-29076.

[2] 赵才荣,齐鼎,窦曙光,等. 智能视频监控关键技术:行人再识别研究综述[J]. 中国科学(信息科学),2021,51(12):1979-2015.

[3] HUI-BIN L, FEI W, QIANG C, et al. Recognition of individual object in focus people group based on deep learning [C]//2016 International Conference on Audio, Language and Image Processing (ICALIP). IEEE, 2016: 615-619.

[4] SERRES J, DRAY D, RUFFIER F, et al. A vision-based autopilot for a miniature air vehicle: joint speed control and lateral obstacle avoidance [J]. Autonomous Robots, 2008, 25(1-2):103-122.

[5] 徐泽洲,曲大义,洪家乐,等. 智能网联汽车自动驾驶行为决策方法研究[J]. 复杂系统与复杂性科学,2021,18(3):88-94.

[6] RUBLEE E, RABAUD V, KONOLIGE K, et al. ORB:An efficient alternative to SIFT or SURF [C]//2011 International conference on computer vision. IEEE, 2011: 2564-2571.

[7] ZHOU W. Image quality assessment: from error measurement to structural similarity [J]. IEEE transactions on image processing, 2004, 13: 600-613.

[8] ROSTEN E, DRUMMOND T. Machine learning for high-speed corner detection[C]//Computer Vision-ECCV 2006: 9th European Conference on Computer Vision, Graz, Austria, May 7-13, 2006. Proceedings, Part I 9.

Springer Berlin Heidelberg, 2006: 430-443.

[9] CALONDER M, LEPETIT V, STRECHA C, et al. Brief: Binary robust independent elementary features[C]//Computer Vision-ECCV 2010: 11th European Conference on Computer Vision, Heraklion, Crete, Greece, September 5-11, 2010, Proceedings, Part IV 11. Springer Berlin Heidelberg, 2010: 778-792.

[10] MUR-ARTAL R, MONTIEL J M, TARDOS J D. ORB-SLAM: a versatile and accurate monocular SLAM system[J]. IEEE transactions on robotics, 2015, 31(5): 1147-1163.

[11] MUR-ARTAL R, TARDOS J D. Orb-slam2: An open-source slam system for monocular, stereo, and rgb-d cameras[J]. IEEE transactions on robotics, 2017, 33(5): 1255-1262.

[12] KARAMI E, PRASAD S, SHEHATA M. Image matching using SIFT, SURF, BRIEF and ORB: performance comparison for distorted images [J]. arXiv preprint arXiv:1710.02726, 2017.

[13] LIU W, ANGUELOV D, ERHAN D, et al. Ssd: Single shot multibox detector[C]//Computer Vision-ECCV 2016: 14th European Conference, Amsterdam, The Netherlands, October 11-14, 2016, Proceedings, Part I 14. Springer International Publishing, 2016: 21-37.

[14] HOWARD A G, ZHU M, CHEN B, et al. MobileNets: Efficient Convolutional Neural Networks for Mobile Vision Applications[J]. arXiv preprint arXiv:1704.04861, 2017.

[15] CHOLLET F. Xception: Deep learning with depthwise separable convolutions [C]//Proceedings of the IEEE conference on computer vision and pattern recognition, 2017: 1251-1258.

[16] KOZLOV A, OSOKIN D. Development of real-time ADAS object detector

for deployment on CPU［C］//Intelligent Systems and Applications: Proceedings of the 2019 Intelligent Systems Conference (IntelliSys) Volume 1. Springer International Publishing, 2020: 740-750.

［17］OSOKIN D. Real-time 2d multi-person pose estimation on cpu: Lightweight openpose［J］. arXiv preprint arXiv:1811.12004, 2018.

［18］AImageLab, Rai dataset［EB/OL］.（2016-06-06）［2024-2-22］. https://aimagelab.ing.unimore.it/imagelab/researchActivity.asp?idActivity=19.

［19］POWERS D. Evaluation: From Precision, Recall and F-Measure to ROC, Informedness, Markedness & Correlation［J］. Journal of Machine Learning Technologies, 2011, 2(1): 37-63.

［20］ZHANG S, WANG X, LEI Z, et al. Faceboxes: A CPU real-time and accurate unconstrained face detector［J］. Neurocomputing, 2019, 364: 297-309.

［21］DENG J, GUO J, VERVERAS E, et al. Retinaface: Single-shot multi-level face localisation in the wild［C］//Proceedings of the IEEE/CVF conference on computer vision and pattern recognition, 2020: 5203-5212.

［22］DANELLJAN M, HÄGER G, KHAN F, et al. Accurate scale estimation for robust visual tracking［C］//British machine vision conference, Nottingham, September 1-5, 2014. Bmva Press, 2014: 205-217.

［23］SUN Z, CHEN J, CHAO L, et al. A survey of multiple pedestrian tracking based on tracking-by-detection framework［J］. IEEE Transactions on Circuits and Systems for Video Technology, 2020, 31(5): 1819-1833.

［24］TRUONG M T N, KIM S. A tracking-by-detection system for pedestrian tracking using deep learning technique and color information［J］. Journal of Information Processing Systems, 2019, 15(4): 1017-1028.

［25］HORN B K P, SCHUNCK B G. Determining optical flow［J］. Artificial intelligence, 1981, 17(1-3): 185-203.

[26] BOCHINSKI E, EISELEIN V, SIKORA T. High-speed tracking-by-detection without using image information [C]//2017 14th IEEE international conference on advanced video and signal based surveillance (AVSS). IEEE, 2017: 1-6.

[27] HELD D, THRUN S, SAVARESE S. Learning to track at 100 fps with deep regression networks [C]//Computer Vision-ECCV 2016: 14th European Conference, Amsterdam, The Netherlands, October 11-14, 2016, Proceedings, Part I 14. Springer International Publishing, 2016: 749-765.

第3章 智能传感定位技术

红外(infrared,IR)热传感器由于其高精度和非接触式等特性,在室内定位和监控系统中得到了广泛的应用[1-3]。通过增加传感器的数量,可以很容易地扩大红外热传感的覆盖范围,然而两颗热传感器与控制系统之间的协调通信,是一个难题,这是本章探讨的重点内容。进一步通过与Pycom WiPy 3.0、Arduino UNO Wi-Fi等无线通信模块的结合,可以将传感器采集到的数据稳定地传输到智能控制系统中进行后续的应用。

3.1 红外热传感定位

红外热传感器是一种利用红外辐射从远处推断物体温度的非接触式测温装置,Adafruit AMG8833红外热像仪是一款广泛应用于各种热传感应用系统中的温度传感器,可以利用它来检测出人体温度与室温(即室内空气温度)的差值,进而确定人体的位置。

3.1.1 AMG8833

AMG8833(GRIDEYE)是一种8×8红外热传感器阵列,可以监测出0℃至80℃的温度,能检测到的范围最远达到7 m[4,5]。根据Adafruit AMG8833官网[6,7]数据显示,AMG8833的有效视野范围为60°。理论上,当传感器距离地面3 m时,一个AMG8833传感器覆盖的水平距离范围约为 3.5 m，如图 3-1 所示，那么两个传感器平行放置的范围可达 7 m，能够覆盖常规教室的整个讲台。

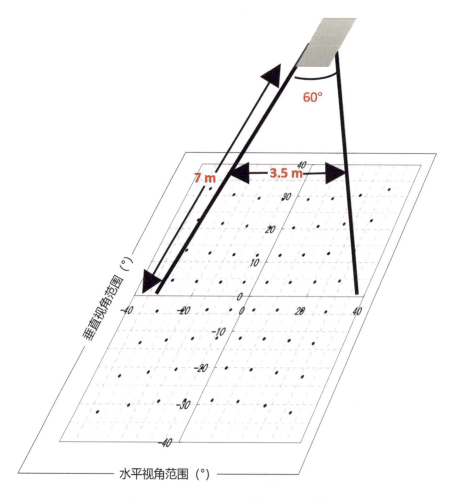

图 3-1　一个 AMG8833 覆盖的水平范围

3.1.2　8-连通域标记算法

8-连通域标记算法[8,9]可用于区分热图像中的人与噪声。如果 8×8 数组中的最大值大于室温，则进一步确定与该最高温度的网格相连的网格数量是否大于或等于 2。

因此,只有当最大值高于室温且所连通网格的网格对应数量大于等于2时,才认为在当前热图像中检测到了人体。在实验环境中,可以使用空调将室内温度始终保持在27℃以下。当64个网格中的最大值大于27时,引入8连通分量标记法进行噪声识别。8连通分量标记过程由下列公式表示:

$$l_{r,c} = \begin{cases} 0 & i_{r,c}=0 \\ l_{min} & \exists (i,j) \in \{(r-1,c-1),(r-1,c),(r-1,c+1),(r,c-1)\}, l_{i,j}>0 \\ l_{new} & 其他 \end{cases}$$

(3-1)

对于当前像素(r,c),如果其强度$i_{r,c}$为零,则其标签$l_{r,c}$被设置为零。或者,如果在左上、上、右上和左邻居中存在非零值,则$l_{r,c}$被设置为四个邻居中标签的最小值。否则,$l_{r,c}$将被设置为一个新值,并按从小到大的顺序进行编号。然后,通过遍历整个图像(从上到下,从左到右),将连通的像素重新标记为相同的数字。最后,计算每个标记的连通像素的总数。在第4章的ILTC系统中,它只需要计算具有最高温度的网格中连通像素的总数。

AMG8833传感器获得的数据包括最高温度值、所在行号、列号和连通像素的总和。下一步是通过无线通信设备将这些数据传输到Arduino UNO Wi-Fi。

3.2 无线通信集成环境

通过Arduino UNO Wi-Fi搭建的无线网络环境,可以将AMG8833传感器采集到的数据通过Pycom WiPy 3.0进行传输,进一步利用8-连通域标记算法分析处理,最终实现人体定位的目的。

3.2.1　Pycom WiPy 3.0 开发平台

Pycom WiPy 3.0 是一个同时支持 Wi-Fi 和蓝牙的物联网开发平台,具有覆盖 1 km 范围的 Wi-Fi 信号,可在超低功耗情况下使用。MicroPython 已预装在 WiPy 3.0 中。此外,Pycom 工程师还开发了一个直观的 Python API 来使用 WiPy 3.0。为了在 WiPy 3.0 上实现开发,需要一个额外的设备通过通用串行总线连接到计算机上,例如扩展板 3.0、Pysense 或 Pytrack。

在智能传感系统中,引入 WiPy 3.0 能够实现 AMG8833 与 Arduino UNO Wi-Fi 之间的通信。此外,扩展板 3.0 用于将执行程序上传到 WiPy 3.0 中。两个 WiPy 3.0 模块分别连接两个 AMG8833 传感器。红外追踪模块与 WiPy 3.0 的连接线如图 3-2 所示。

图 3-2　WiPy 3.0 与 AMG8833 的接线图

3.2.2 Arduino UNO Wi-Fi

Arduino UNO Wi-Fi 除了作为标准 Arduino UNO 开发板提供控制功能之外,还通过集成微控制器 ATmega328 和 Wi-Fi ESP8266[10],提供无线通信功能。同时,Arduino UNO Wi-Fi 可以用作网络接入点(access point,AP)或站(station,Sta)。

Arduino UNO Wi-Fi 是第 4 章提出的讲者追踪捕获系统中最重要的组成部分。如图 3-3 所示,Arduino UNO Wi-Fi 提供了三个功能:

①通过通用串行总线与计算机通信。

②控制伺服电机使安装在电机上的摄像机旋转。

③接收无线站采集的数据,无线站与红外热传感器相连。

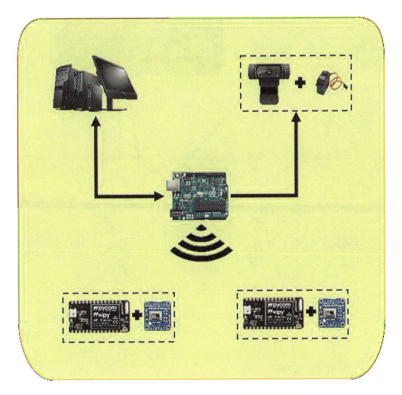

图 3-3　Arduino Uno Wi-Fi 提供的功能

在图 3-3 中，Arduino UNO Wi-Fi 工作在 AP 模式下，作为无线通信网络的服务器，两个 WiPy 3.0 模块作为两个工作站，负责接收 AMG8833 传感器获得的数据，并且将数据传送到 Arduino UNO Wi-Fi。然后，Arduino UNO Wi-Fi 通过 USB 接口将数据传输到计算机中的控制系统，进一步根据人脸检测和热传感器监测结果来控制伺服电机旋转一定的角度。如果由于快速移动，人脸检测模块检测不到人脸，则切换到红外追踪模组，根据红外热传感器采集到的人的位置来确定伺服电机的角度。因此，安装在伺服电机上的摄像机可以捕捉到屏幕中央的讲者。Arduino UNO Wi-Fi 接线图如图 3-4 所示。

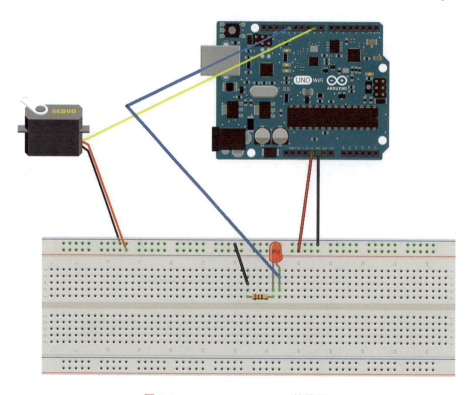

图 3-4　Arduino UNO Wi-Fi 接线图

3.2.3　无线通信控制

Arduino UNO Wi-Fi 和两颗 WiPy 3.0 模块之间的数据同步是一个很大

的挑战。首先，Arduino UNO Wi-Fi 通过无线通信网络交替发出"ID1"和"ID2"命令。然后，两个 WiPy 3.0 模块分别响应'ID1'和'ID2'。接下来，通过通信模式切换和软复位来提高 WiPy 3.0 的稳定性。图 3-5 给出了编号为"ID1"的 WiPy 3.0 的执行流程图。

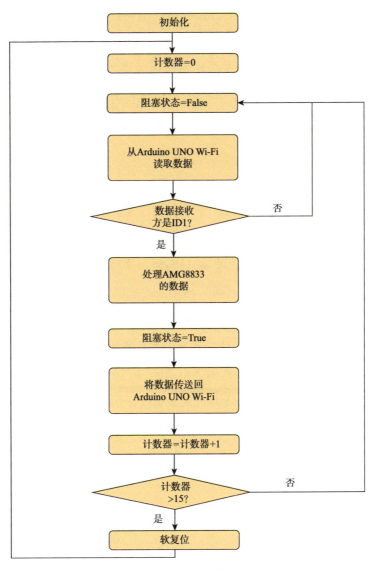

图 3-5 编号"ID1"的 WiPy 3.0 执行流程图

首先，初始化无线网络连接并将计数器设置为零。然后，通过无线网络读取捕获模块中 Arduino UNO Wi-Fi 的数据。如果当前 WiPy 3.0 接收到的数据为"ID1"，则将其从 AMG8833 获取到的数据进行处理后，得到的最高温度值、所在行号、列号和连通像素的总和等数据传回 Arduino UNO Wi-Fi。接下来，在读取 socket 数据之前将阻塞模式设置为 False，在传输数据之前将阻塞模式设置为 True，在阻塞模式和非阻塞模式之间切换。这里的目标是避免阻塞程序并确保传输所有挂起的数据。此外，根据 Pycom 官网的建议，为了解决同步导致的内存不足的问题，可以执行软复位。通过阻塞模式切换和软复位可以让热传感和无线通信设备持续稳定工作。

本章小结

本章首先介绍了通用热传感器 AMG8833 的基本参数：可监测温度范围和距离。接下来讲述了 8-连通域标记法的核心算法，并分析了利用该方法定位人体的关键技术。然后融合 Arduino UNO Wi-Fi、AMG8833 和 Pycom WiPy 3.0 的无线通信网络，并设计了利用非携带式热传感设备实现人体定位的方法。最后，重点分析了该方法中的难点问题：Arduino UNO Wi-Fi 与两个 AMG8833 热传感器稳定准确的同步通信。

参考文献

[1] HELD D, THRUN S, SAVARESE S. Learning to track at 100 fps with deep regression networks [C]//Computer Vision-ECCV 2016：14th European Conference, Amsterdam, The Netherlands, October 11-14, 2016, Proceedings, Part I 14. Springer International Publishing, 2016：

749-765.

[2] LUO R C, CHEN O. Wireless and pyroelectric sensory fusion system for indoor human/robot localization and monitoring[J]. IEEE/ASME Transactions on mechatronics, 2012, 18(3): 845-853.

[3] 李俊山, 张姣, 杨威, 等. 基于特征的红外图像目标匹配与跟踪技术[M]. 北京: 科学出版社, 2014.

[4] GOCHOO M, TAN T H, HUANG S C, et al. Novel IoT-based privacy-preserving yoga posture recognition system using low-resolution infrared sensors and deep learning[J]. IEEE Internet of Things Journal, 2019, 6(4): 7192-7200.

[5] GOCHOO M, TAN T H, JEAN F R, et al. Device-free non-invasive front-door event classification algorithm for forget event detection using binary sensors in the smart house[C]//2017 IEEE International Conference on Systems, Man, and Cybernetics (SMC). IEEE, 2017: 405-409.

[6] Adafruit. AMG8833 IR THERMAL CAMERA BREAKOUT[EB/OL]. (2024-05-19)[2024-05-20]. https://learn.adafruit.com/adafruit-amg8833-8x8-thermal-camera-sensor.

[7] Adafruit. SPECIFICATIONS FOR Infrared Array Sensor[EB/OL]. (2024-04-23)[2024-05-20]. https://cdn-learn.adafruit.com/downloads/pdf/adafruit-amg8833-8x8-thermal-camera-sensor.pdf.

[8] Di Stefano L, BULGARELLI A. A simple and efficient connected components labeling algorithm[C]//Proceedings 10th international conference on image analysis and processing. IEEE, 1999: 322-327.

[9] HE L, REN X, GAO Q, et al. The connected-component labeling problem: A review of state-of-the-art algorithms[J]. Pattern Recognition, 2017, 70: 25-43.

[10] MESQUITA J, GUIMARÃES D, PEREIRA C, et al. Assessing the ESP8266 Wi-Fi module for the Internet of Things[C]//2018 IEEE 23rd International Conference on Emerging Technologies and Factory Automation (ETFA). IEEE, 2018, 1: 784-791.

第4章
人体定位系统综合案例
——智能讲者追踪与捕获系统

本章给出了一个利用人脸识别和热传感技术实现的人体定位系统——智能讲者追踪与捕获系统,这是室内定位技术的典型应用,与本书的研究直接相关,可以很好地服务于教育信息化平台建设。

4.1 智慧教育应用背景

随着多媒体和网络技术的快速发展,开放教育资源(open educational resources,OER)在过去几十年里蓬勃发展[1,2]。除了规避了时间空间上的限制之外,在线学习者还可以通过各种教学辅助资源获得灵活构建知识体系和掌握技术技能的机会[3],这些资源包括讲座视频、课程讲义、论坛、测验、考试和其他额外的资源。大规模在线开放课程是最受欢迎的开放式教育资源类型,数十万学生甚至更大规模的在线学习者可以参加同一门在线课程。

4.1.1 大规模在线课程

2012年,斯坦福大学、麻省理工学院、哈佛大学等世界排名前列的大学纷纷建立了自己的MOOC平台,这一年也被称为"MOOC之年"[4]。

由麻省理工学院和哈佛大学共同开展的edX是一个免费的在线授课

平台，截至 2023 年 8 月份，已经提供了来自 250 所院校的 4 000 多门公开在线课程，涵盖计算机科学、艺术、建筑等 31 个学科。最受欢迎的 Python 课程是 MIT 提供的 Introduction to Computer Science and Programming Using Python，全球有 1 605 508 名学习者注册该课程。由斯坦福大学两位教授，吴恩达（Andrew Ng）和达芙妮·科勒（Daphne Koller）发起的 Coursera，是全球最大的 MOOC 平台之一，据 2023 年 8 月公布的官方统计数据显示，Coursera 已经与来自 54 个国家和地区的 318 个合作伙伴开设了 5 400 多门课程，注册用户已超过 1.24 亿人。

紧随其后，中国的大学也陆续推出了大量的网络公开课程，中国大学 MOOC 和智慧树是两个有代表性的在线授课平台，从北京大学、清华大学等以建设世界一流大学和一流学科为重点的"双一流"大学，到南昌工学院、黑龙江工业学院等地方高校都在该平台上开设了在线课程，这些平台不仅有利于大学生以更灵活的方式获取知识，也为白领提供了快速进步的机会。

2014 年，网易公司和高等教育出版社联合启动了中国大学 MOOC，截至 2023 年 9 月，有 804 所高校在中国大学 MOOC 上提供了 16 800 多门课程。与 edX 类似，中国大学 MOOC 上最受欢迎的课程是北京理工大学提供的"Python 语言程序设计"，自 2015 年第一次开课到 2023 年 9 月份第 20 次开课，在线学习者总数超过 490 万。图 4-1 给出了每个学期的参与者人数，其中横坐标和纵坐标分别表示学期和该学期参加的人数。如图 4-1 所示，除了两个较短的夏季学期（学期 9 和学期 12）之外，"Python 语言程序设计"的参与人数总体呈上升趋势。特别是，从 2020 年 2 月 18 日到 2020 年 5 月 12 日的第 11 学期，参加人数达到 743 634 人，比上一学期增加了 84.3%。

我国另一个大型在线课程平台——智慧树，也向 3 000 多所高校开放了近 15 000 门课程，并允许会员院校学分互认。超过 1.6 亿学生参加跨校课程并获得学分。根据 2023 年 9 月官网数据显示，2023 年秋冬学期将开

第 4 章 人体定位系统综合案例——智能讲者追踪与捕获系统

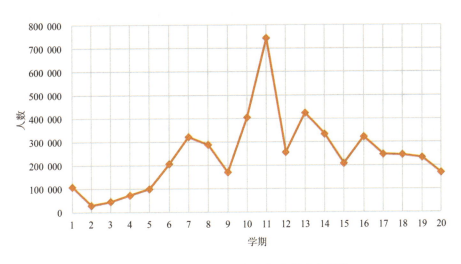

图 4-1 "Python 语言程序设计"每期参与人数

设 10 000 多门课程。智慧树上最受欢迎的课程是中国人民大学和北京大学开设的"形势与政策"课程。图 4-2 描述了"形势与政策"每学期的参与人数,除了一个短暂的夏季学期外,其余都呈上升趋势。特别是在 2020 年春夏的第 10 学期,参加人数达到 1 348 100 人,比上一学期增加了 42.42%。

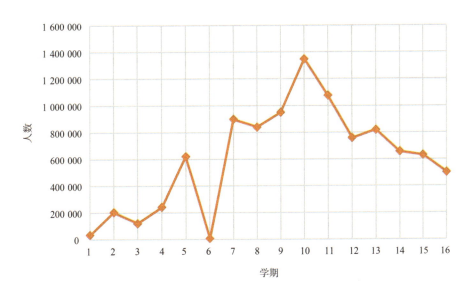

图 4-2 "形势与政策"每期参与人数

如图 4-1 和图 4-2 所示，在前十个学期里，中国大学 MOOC 和智慧树上最热门课程的参与人数，总体上都呈现出上升的趋势。在接下来的一段时间里，在线学习者的数量呈现出稳定的趋势，因为在线学生的数量基本达到了顶峰，大部分学生回到了面对面的教学模式，而在线学习仍然为教与学提供了帮助。在未来基于虚拟现实技术构建的元宇宙世界中，在线学习者的数量必然会继续攀升。

MOOC 为本科生、成人学习者和社区居民提供了一流大学的开放教育资源和追求终身学习的机会。然而，网络课程必须先履行教育学的基本教学功能，才有可能履行其他扩展功能。正如 Coursera 的创始人之一 Daphne Koller 所说"我们不认为计算机应该取代教师。我们认为计算机可以提高教师的工作效率。"换句话说，传统的面对面课堂中教师的一些教学行为应该在 MOOC 中展示出来。最重要的行为之一就是知识和技术的讲授，因此大多数 MOOC 平台上都承载了大量经过精心设计、录制、剪辑的授课视频，这也是在线课程平台最主要的授课资源。

4.1.2 MOOCs 授课视频

传统上，在线授课视频的录制有两种模式，如图 4-3 所示，录制授课视频的模式 A 通常需要在专业的演播室或办公室进行录制。在模式 B 中授课视频的录制方式是在普通教室中直接拍摄教师的授课过程，然后进行简单的后期加工处理，再上传到相应的 MOOC 平台上。

一般来说，在演播室[6]或办公室录制授课视频涉及摄影专家和昂贵的拍摄设备。这种记录方式不仅需要使用特殊的摄影设备，而且需要较长的时间来制作高质量的视频[7,8]。与此同时，习惯于在教室里面对面授课的教师在小屏幕上容易分散注意力，由于没有学生，他们可能缺乏积极性和授课热情。因此，会增加在线学习者的孤立感，这是在线课程固有的问题[3,9]。Martin 等[9]的统计结果表明，授课视频的效果与讲者的存在感和可连接性密切相关。

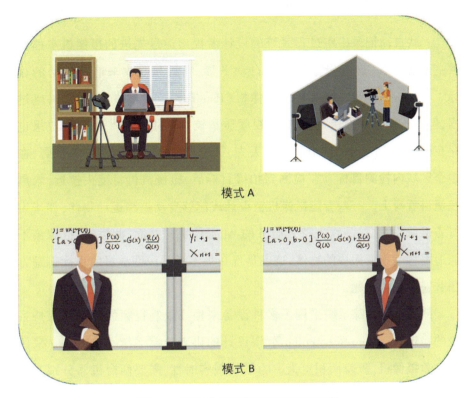

图 4-3　两种传统的授课视频录制模式

当在线学生感到与讲者的联系更紧密时,他们就会消除对非接触式在线环境的恐惧和焦虑。此外,讲者的亲和力和热情是促进学生参与线上公开课程的关键因素[10]。一些网络课程的授课视频直接在教室里录制,即录制真实的线下授课过程。例如,斯坦福大学 2017 年春季的 CS231n 课程视频已经上传到 YouTube 上作为该课程的线上教学资源。一些耶鲁大学公开课程是由讲者在传统教室讲课的视频组成的[5]。然而,这种拍摄方式下,演讲者的运动范围会受到固定摄像机的限制。此外,其拍摄过程需要人工或半人工干预。

4.1.3　现存讲者追踪与捕捉技术

一些自动记录讲座过程系统的设计者提出通过先进的摄像机来捕捉教室里的讲者,这些摄像机可以自动平移、倾斜和缩放来追踪移动的目标[11,12]。Chou 等[11]使用 PTZ 摄像机(Pan Tilt Zoom camera)拍摄讲座过程,但由于频繁变换焦距,录制的视频质量较差。Liao 等[12]的研究成果也存在同样的情况。一旦拍摄目标丢失,摄像机就会调整焦距扩大视野,在整个区域内检测目标。在检测到拍摄目标后,摄像机再将镜头拉近,聚焦在演讲者身上。一些智能摄像机被设计成能够自动追踪运动物体,如华为海雀摄像头,这是一款支持云服务的 AI 摄像头。然而,此类 AI 摄像头不能追踪移动速度太快的物体,这也是现在很多基于深度学习的目标追踪方法普遍存在的问题。

部分讲者追踪系统采用了多种设备来提高录制视频的质量和保持系统的稳定性。González-Agulla 等[13]设计的讲者追踪系统 GaliTracker 采用了广角摄像机,覆盖面积更大。为了实现实时性,需要两台机器分别实现捕获和追踪。Wulff 等[14]提出了一种利用图形处理单元分析待追踪对象运动的讲座记录系统。在 Winkler 等[15]的研究工作中,使用深度摄像机和多个辅助摄像机来捕捉演讲过程中的发言人,并在追踪之前根据发言人的实际身体比例进行焦距校准。

由于特定设备的要求和摄像机频繁变换焦距的限制,上述讲者自动追踪系统不适合在实际应用中推广。在接下来的章节中,提出了一种基于人体定位和无线传感技术的讲者追踪系统,该系统可以通过一个摄像头有效地追踪和捕捉讲者,并在通用 CPU 上实现实时运转。

4.2 基于人脸检测和热传感器的智能讲者追踪与捕获系统

基于人脸识别和热传感的人体定位技术的相关研究,设计了一种面向 MOOC 的智能讲者追踪与捕获 ILTC 系统,融合 AI 高端算法和新颖无线传输以及非接触传感设备,构建成本低廉、性能稳定、搭建便捷的具有讲者智能追踪录制功能的智慧教学辅助环境。

在 ILTC 系统中,演讲者的其他身体部位可能被讲台遮挡,因此使用人脸检测来估计演讲者的位置。在实际应用中,课间休息时,ILTC 系统可处于半休眠状态,通过计算比视频分割方法阈值更低的 20 帧间隔的 ORB 和 SSIM 特征的差值来监测平台的变化。当 20 帧间隔的特征差值超过阈值时,ILTC 系统将恢复到工作状态,开始交替使用人脸检测和热传感技术定位讲者,仅当人脸检测丢失目标时,才启动热传感定位人体,这么做的目的是平衡准确率和实时性,发挥第 2 章提出的人脸检测方法在 CPU 上快速运转的优势,并利用第 3 章给出的非接触式智能传感定位技术来解决人脸检测方法容易丢失快速移动目标的问题。

4.2.1 系统框架

如图 4-4 所示,ILTC 系统包括以下三个模块:人脸检测模块,捕获模块,红外追踪模块。首先,使用人脸检测模块来定位讲者。如果在人脸检测模块中检测到讲者,则由捕捉模块中的伺服电机根据检测结果旋转摄像机。否则,启动红外追踪模块,通过两个红外热传感器对讲者进行定位,并通过无线通信网络将讲者的位置传输给捕获模块。最后,讲者被摄像机捕捉拍摄,并在拍摄过程中保持讲者在屏幕的中央。

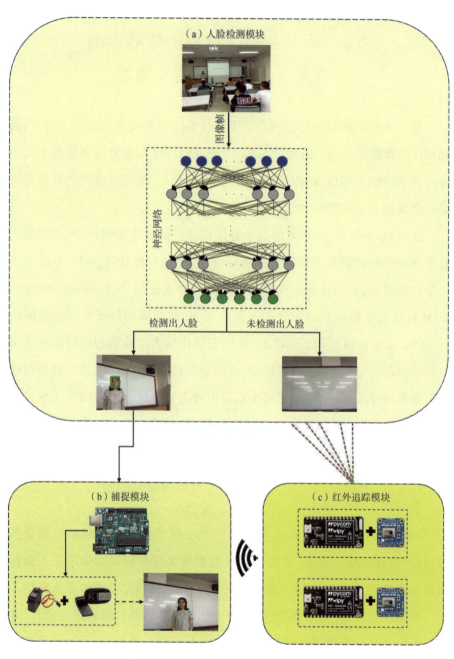

图 4-4　智能讲者追踪与捕获系统框架

4.2.2 实践案例

分别在教室和实验室运行 ILTC 系统，使用 Python 3.6 编程环境，运行系统的机器主要配置为：主频为 3.2 GHz 的 Intel i7-8700 CPU，32 GB 的主存储器。捕捉视频时分辨率设置为 450 × 320，帧率设置为 24 fps。图 4-5 展示了其中一个实验场景——教室。

实验结果与四个距离有关，这四个距离决定了拍摄范围。如图 4-5 所示，它们是：

①两个 AMG8833 热传感器之间的距离。

②传感器与地面之间的距离。

③摄像机与白板之间的距离。

④讲者的运动范围。

图 4-5 实验场景之一

表 4-1 给出了两个实验场景(教室和实验室)中四个距离对应的具体数值。

表 4-1　两个场景中的距离参数

场景	①	②	③	④
教室	2.85 m	2.69 m	1.50 m	3.60 m
实验室	2.02 m	3.30 m	1.52 m	2.45 m

如图 4-6(a)所示,在教室的第一排课桌上放置一台计算机,与图 4-6(b)所示的与计算机相连的 Arduino UNO Wi-Fi。图 4-6(c)为两个集成 WiPy 3.0 的 AMG8833。

(a)放在第一排课桌的计算机

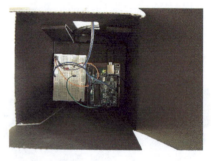

(b)与计算机相连的 Arduino UNO Wi-Fi

(c)集成了 WiPy 3.0 的 AMG8833

图 4-6　实验设备

第 4 章　人体定位系统综合案例——智能讲者追踪与捕获系统

表 4-2 显示了 ILTC 系统中使用的硬件和软件环境。

表 4-2　ILTC 系统中的硬件和软件环境

硬件	软件
Arduino UNO Wi-Fi	Arduino IDE 1.8.9
MG996R 伺服马达	Pycharm in Python 3.6
Logitech C170 网络摄像头	
Adafruit AMG8833 IR 热传感器	ATOM 1.37.0
Pycom WiPy 3.0	

4.2.3　系统性能

1. 实验数据

为了评估 ILTC 系统的准确性，一个表示讲者在屏幕中央频次的参数被统计出来，记为居中率——Center_rate，对应讲者在屏幕中央的帧数与所有帧数的比率，根据以下公式计算：

$$\text{Center\_rate} = \frac{\text{Center\_num}}{\text{Frame\_num}} \tag{4-1}$$

其中，Center_num 是在捕获的视频中讲者在屏幕中央的帧数。如果讲者与屏幕中心之间的水平偏移量在 50 像素以内，则表示讲者位于屏幕中心。Frame_num 是视频中所有帧的个数。当讲者频繁移动时，平移相机会捕获大量帧，因此考虑另一个比率：出镜率——In_rate，根据以下公式计算：

$$\text{In\_rate} = \frac{\text{In\_num}}{\text{Frame\_num}} \tag{4-2}$$

In_num 是讲者在屏幕上出现的帧数。为了说明红外热传感器的作用，在从 ILTC 系统中移除 AMG8833 传感器后，重新计算了这些比率。在没有 AMG8833 传感器的情况下，系统录制了 10 段视频。为了与它们进行比较，整个 ILTC 系统还进一步录制了另外 10 段视频。表 4-3 给出了两种情况下 Center_rate 和 In_rate 的比较结果。

见表 4-3,整合系统的 Center_rate 在 55.72% 到 66.02% 之间变化。整合系统的 In_rate 取值范围为 83.05% ~ 92.14%。但是,在没有 AMG8833 传感器的系统中,比率值远远低于整合系统的比率值。表 4-3 最后一行所示,整合系统的平均 Center_rate 比未安装 AMG8833 传感器的系统高 15.61 个百分比,平均 In_rate 高 21.40 个百分比。因此,红外热传感器的引入显著提高了 ILTC 系统的精度。

表 4-3 整合系统与无传感器系统的对比分析

片段	整合系统			无热传感		
	Frame_Num	Center_Rate/%	In_Rate/%	Frame_Num	Center_Rate/%	In_Rate/%
Video1	1705	55.72	83.28	1124	43.68	69.13
Video2	2405	60.50	91.10	1215	41.07	71.77
Video3	1928	59.02	85.53	1531	53.23	66.04
Video4	1945	66.02	89.97	1693	52.22	66.69
Video5	1999	63.08	86.99	2234	46.20	65.76
Video6	2259	64.81	83.05	1978	49.80	66.73
Video7	2181	58.28	84.09	2089	41.31	61.51
Video8	2405	60.29	87.03	1355	48.63	65.17
Video9	2086	65.00	92.14	1475	45.36	63.73
Video10	2401	63.81	86.30	1666	38.90	59.00
平均值	2131	**61.65**	**86.95**	1636	46.04	65.55

整合 ILTC 系统在两个场景中共录制了 20 段视频。20 段视频的相关数据统计结果见表 4-4。前 7 段视频在实验室中拍摄,其他 13 段视频在教室中拍摄。分别计算两种场景下视频的平均 Center_rate 和 In_rate,另外,还给出了 20 个视频的总平均值,并显示在表 4-4 的最后一行。

见表 4-4,实验室中拍摄的视频其 Center_rate 在 55.72% ~ 68.38% 之间变化。In_rate 在 83.05% ~ 91.10% 之间变化。教室中拍摄的视频其 Center_rate 在 58.28% 到 72.79% 之间变化,其 In_rate 在 84.09% 到 93.90% 之间变化。教室中拍摄视频的 Center_rate 平均值比实验室视频高 2.26 个百分

第 4 章 人体定位系统综合案例——智能讲者追踪与捕获系统

比，In_rate 平均值比实验室高 1.68 个百分比。理论上，传感器与地面的距离越短，ILTC 系统的精度越高。总的来说，20 段视频中有 7 个的 Center_rate 高于 65%，6 个的 In_rate 高于 90%。Center_rate 平均为 63.97%，In_rate 平均为 88.20%。

表 4-4 两个场景中整合系统的全部视频结果分析

实验室和教室中捕获的视频序列	Center_Num	In_Num	Frame_Num	Center_Rate/%	In_Rate/%
Video1	950	1420	1705	55.72	83.28
Video2	1455	2191	2405	60.50	91.10
Video3	1138	1649	1928	59.02	85.53
Video4	1284	1750	1945	66.02	89.97
Video5	1261	1739	1999	63.08	86.99
Video6	1464	1876	2259	64.81	83.05
Video11	1546	2030	2261	68.38	89.78
实验室中平均值	1300	1808	2072	62.50	87.10
Video7	1271	1834	2181	58.28	84.09
Video8	1450	2093	2405	60.29	87.03
Video9	1356	1922	2086	65.00	92.14
Video10	1532	2072	2401	63.81	86.30
Video12	2067	2773	2953	70.00	93.90
Video13	2096	2742	3190	65.71	85.96
Video14	1857	2460	2716	68.37	90.57
Video15	2231	2784	3065	72.79	90.83
Video16	1880	2482	2834	66.34	87.58
Video17	1657	2446	2762	59.99	88.56
Video18	2953	4060	4614	64.00	87.99
Video19	2421	3679	3965	61.06	92.79
Video20	2800	3651	4223	66.30	86.46
教室中平均值	1967	2692	3030	**64.76**	**88.78**
总平均值	1733	2383	2695	63.97	88.20

2. 性能分析

ILTC 系统的关键技术是人体的定位和追踪。因此,我们将 ILTC 系统与现有的定位和追踪方法的优缺点进行了比较,见表 4-5。现有的方法主要有两类:基于设备的方法[16-20]和基于学习的方法[21, 22]。一些基于设备的方法需要特殊和昂贵的设备。其中以接触式和非实时系统为主。对于最先进的基于学习的人类定位和追踪方法,GPU 是实现高性能的必要条件。此外,突然和快速的运动会导致基于学习的方法丢失目标、追踪失败。

表 4-5　与现有追踪方法的比较分析

方法	优点	缺点
基于全景摄像机和 Wi-Fi 的方法[23]	安装方便,成本低	图像失真,不适合光照变化大,脸部模糊
多摄像机[24]	不同时间和天气条件下的室内和室外定位	特定场所,多摄像头,接触式设备和非实时系统
基于磁场和 Wi-Fi 的定位方法[25]	安装方便,高精度	在固定的身体位置携带接触式设备
基于加速度计和光学接收器的人体定位方法[26]	高精度	对光噪声敏感,需携带接触式设备
超宽带定位方法[27]	更稳健的时延定位	接触式设备和非实时系统
基于多域卷积神经网络的定位方法[28]	快速、准确	仅支持 GPU 上运行,无法追踪突然或快速移动的物体
基于深度强化学习的定位方法[29]	半监督学习,准确率高	在 GPU 上运行速度仅 15 fps,无法追踪突然或快速移动的物体
ILTC 系统(基于摄像机,Wi-Fi 和热传感器的定位方法)	成本低,实时稳定的性能,非接触式设备,并且安装方便	短时检测失败

从表 4-5 可以看出,与现有的人体定位追踪方法相比,ILTC 方法具有成本低、性能实时稳定、非接触式设备、安装方便等优点,是讲者追踪捕获系统中的最优方案。然而,尽管引入了阻塞与非阻塞模式切换以及软复位来提高 ILTC 系统的稳定性,但由于传感器性能的限制,仍然会出现临时检测故障。也就是说,会出现被追踪对象暂时丢失的问题。这可能是由于两个原因:

AMG8833 红外热传感器的采样率低,以及传感器软复位以释放内存的耗时过程。这一课题值得在今后的工作中深入研究。

3. 问卷调查

为了评估 ILTC 系统的实用性,对来自两所大学力学、化学、电子学、管理学和通识教育系的 32 名教师进行了问卷调查,对三种在线课程视频的录制模式进行了问卷调查,如图 4-7 所示,这三种模式是:

①模式 A:在办公室或专业工作室拍摄。

②模式 B:在教室中使用静态摄像机进行拍摄。

③模式 C:教室内自动追踪捕捉。

32 位教师使用李克特五分量表法(5-point Likert scale1)[23]对调查问卷中描述的三种模式中的四个项目进行评分,1 对应非常不同意,5 对应非常同意。调查项目包括:

①可接受性(acceptability):合理的时间和财务成本;

②简单性(simplicity):操作简单,无须人工操作;

③感染力(appeal):有助于调动讲者的积极性;

④有效性(effectiveness):能够有效地满足受众的需求。

为了便于三种模式之间的比较,计算了每个项目的平均分。如图 4-8 所示,模式 C 的得分均高于其他两种模式,尤其是在可接受性和简单性方面。也就是说,大多数受访者认为模式 C 比其他两种模式成本更合理。同时,他们认为与其他两种模式相比,模式 C 是操作捕获系统中最简单的方式。所有三种模式都被认为是有效的,满足了受众的需求,在这个项目中三种模式都获得了很高的分数。在调查对象中,37.5% 的人有在专业工作室录制授课视频的经历。由于模式 A 的时间和财务成本高,该模式在可接受性方面的得分都是最低的。

图 4-7　三种在线课程视频录制模式

第 4 章 人体定位系统综合案例——智能讲者追踪与捕获系统

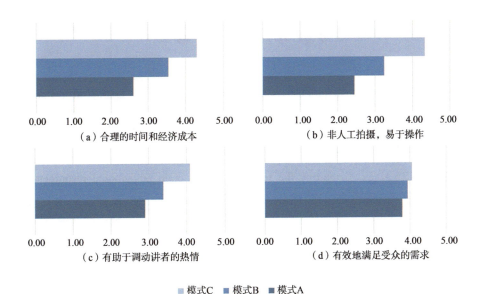

图 4-8 三种在线课程视频录制模式的问卷调查

●●● 本 章 小 结 ●●●

本章设计了一种基于人脸检测和智能传感的可自动追踪录制的智能讲者追踪与捕获系统。首先介绍了该系统的智慧教育应用场景,通过分析国内外 MOOC 现状,提出线上授课视频的重要性和现有录制方法的不足之处。接着给出了 ILTC 系统的系统框架和实践案例,最后结合实验数据、性能对比和问卷调查等结果分析,证明了人脸检测与智能传感的结合能够有效提高人体追踪系统的准确度,并保证系统实时工作在通用 CPU 平台,具有普遍的实用性和广泛的应用前景。

参 考 文 献

[1] BUTCHER N. Basic guide to open educational resources (OER)[M]. Paris: Commonwealth of Learning (COL) and United Nations Educational, Scientific and Cultural Organization (UNESCO), 2015.

[2] EHLERS U D. Extending the territory: From open educational resources to open educational practices[J]. Journal of open, flexible and distance learning, 2011, 15(2): 1-10.

[3] DIXSON M D. Creating effective student engagement in online courses: What do students find engaging? [J]. Journal of the Scholarship of Teaching and Learning, 2010, 10(2): 1-13.

[4] PAPPANO L. The Year of the MOOC[J]. The New York Times, 2012, 2(12): 2012.

[5] TOVEN-LINDSEY B, RHOADS R A, LOZANO J B. Virtually unlimited classrooms: Pedagogical practices in massive open online courses[J]. The internet and higher education, 2015, 24: 1-12.

[6] KELLOGG S. Online learning: How to make a MOOC[J]. Nature, 2013, 499(7458): 369-371.

[7] KOLOWICH S. The professors who make the MOOCs[J]. The Chronicle of Higher Education, 2013, 18: 1-12.

[8] GUO P J, KIM J, RUBIN R. How video production affects student engagement: An empirical study of MOOC videos[C]//Proceedings of the first ACM conference on Learning@ scale conference, 2014: 41-50.

[9] MARTIN F, WANG C, SADAF A. Student perception of helpfulness of facilitation strategies that enhance instructor presence, connectedness,

engagement and learning in online courses[J]. The Internet and Higher Education, 2018, 37: 52-65.

[10] HEW K F. Promoting engagement in online courses: What strategies can we learn from three highly rated MOOCS[J]. British Journal of Educational Technology, 2016, 47(2): 320-341.

[11] CHOU H P, WANG J M, FUH C S, et al. Automated lecture recording system [C]//2010 international conference on system science and engineering. IEEE, 2010: 167-172.

[12] LIAO H C, PAN M H, CHANG M C, et al. An automatic lecture recording system using pan-tilt-zoom camera to track lecturer and handwritten data [J]. International Journal of Applied Science and Engineering, 2015, 13(1): 1-18.

[13] González-Agulla E, Alba-Castro J L, Canto H, et al. Galitracker: Real-time lecturer-tracking for lecture capturing[C]//2013 IEEE International symposium on multimedia. IEEE, 2013: 462-467.

[14] WULFF B, FECKE A, RUPP L, et al. LectureSight: an open source system for automatic camera control for lecture recordings[J]. Interactive Technology and Smart Education, 2014, 11(3): 184-200.

[15] WINKLER M B, HÖVER K M, HADJAKOS A, et al. Automatic camera control for tracking a presenter during a talk[C]//2012 IEEE International Symposium on Multimedia. IEEE, 2012: 471-476.

[16] SUN Y, MENG W, LI C, et al. Human localization using multi-source heterogeneous data in indoor environments[J]. IEEE Access, 2017, 5: 812-822.

[17] LIU P, YANG P, WANG C, et al. A semi-supervised method for surveillance-based visual location recognition[J]. IEEE transactions on cybernetics,

2016, 47(11): 3719-3732.

[18] Shu Y, Bo C, Shen G, et al. Magicol: Indoor localization using pervasive magnetic field and opportunistic Wi-Fi sensing[J]. IEEE Journal on Selected Areas in Communications, 2015, 33(7): 1443-1457.

[19] YASIR M, HO S W, VELLAMBI B N. Indoor position tracking using multiple optical receivers[J]. Journal of Lightwave Technology, 2016, 34(4): 1166-1176.

[20] XU Y, SHMALIY Y S, LI Y, et al. UWB-based indoor human localization with time-delayed data using EFIR filtering[J]. IEEE Access, 2017, 5: 16676-16683.

[21] NAM H, HAN B. Learning multi-domain convolutional neural networks for visual tracking[C]//Proceedings of the IEEE conference on computer vision and pattern recognition, 2016: 4293-4302.

[22] YUN S, CHOI J, YOO Y, et al. Action-decision networks for visual tracking with deep reinforcement learning[C]//Proceedings of the IEEE conference on computer vision and pattern recognition, 2017: 2711-2720.

[23] PREEDY VR, WATSON R R. 5-Point Likert Scale[J]. Handbook of Disease Burdens and Quality of Life Measures, 2010, 1: 4288.

第 5 章 总结与展望

本书探讨了利用人脸识别和热传感技术实现人体定位追踪的理论依据，进一步通过搭建、评估融合两种方法的智能讲者追踪与捕获系统，证明了本书研究成果的实践意义。为了继续提升系统的性能，可以引入人体检测技术、多样的辅助定位设备，进一步为了扩展系统的功能，可以融入行为识别、第六代网络通信(6G)和虚拟现实(virtual reality, VR)等技术，来让人体定位技术在未来的智慧教育、智慧生产、智慧社区等方面，发挥更大的作用。本章对全书内容进行总结，并给出今后的研究方向。

5.1 主要研究结论

在离线视频序列上执行人脸检测之前，对视频序列首先进行预处理，即基于 ORB 和 SSIM 的镜头分割，可以加快人脸检测的速度。为了在标准 CPU 上实时运行，使用 Intel OpenVINO Toolkit 的优化引擎进一步加速了人脸检测。通过预处理程序，平均检测速度为 108 fps，比未进行视频分割的检测速度快 4 倍，而 F1 分数几乎相同。特别是在人脸帧数较少的视频序列中，最高速度比未进行预处理的速度快 18 倍。为了减少人脸检测中由于突然快速运动导致的检测失败，将人脸检测与红外热传感器和 Adafruit AMG8833、Pycom WiPy 3.0、Arduino UNO Wi-Fi 组成的无线通信设备相结合，开发了一种基于无线传感技术的定位框架，对人体进行定位。人脸检测与无线传感技术的结合,可以防止人脸检测中由于运动突然、快速而导致检测失败,解决红外热传感器的非实时传感问题,达到定位速度和准确度上的平衡。

为了评估人脸检测与红外热传感器定位技术的实用性,设计了一种基于人脸检测和非接触式无线传感的智能讲者追踪和捕获系统,并在教室和实验室中搭建实验平台,评估该系统的性能。实验结果表明,该系统可以自动追踪和捕捉讲者,并在拍摄过程中通过旋转摄像机,保证讲者在拍摄画面的中央。融合 AMG8833 热传感器后,智能讲者追踪和捕获系统的平均 Center_rate 和 In_rate 分别比不使用红外热传感器时提高了 15.61% 和 21.40%。此外,通过对两所大学不同院系的教师进行问卷调查,就该系统的可接受性、简单性、感染力和有效性四个方面与传统线上授课视频的录制模式进行比对,该系统在四个方面都获得了更高的评分。结果表明,ILTC 系统具有很大的应用潜力,可以服务于大规模的网络公开课程。

5.2 技术展望

为了进一步提高人体定位系统的精度,能够适应突然和快速运动的基于学习的追踪方法可以作为未来研究的一个课题。同时,可以融入更多的辅助设备来提高定位系统的稳定性。此外,未来的 ILTC 系统将利用动作识别和第六代移动无线通信系统,以提高在线课程的交互性和同步性,强化人体定位技术的实际应用价值。

5.2.1 性能提升

1. 基于人体检测的定位技术

基于学习的人体检测方法近年来受到了广泛关注[1,2]。人体检测追踪是人体追踪的另一种常用方法。在 ILTC 系统某些检测失败的案例中,人脸没有出现在相机的捕捉范围内。然而,人体的一小部分是可以被相机捕捉到的。我们有理由认为,在 ILTC 系统中,人体区域比面部区域大得多,用人体检测代替人脸检测可以提高讲者检测的查全率,减少人脸检测中由于突然、快速运动而导致的检测失败。

2. 多样的辅助定位设备

基于声源的定位方法在信号处理领域受到了广泛关注。Zhang 等[3]提出将麦克风采集到的声源信号转换成声谱图,再输入到 CNN 中进行训练和测试,实现了声源的区域定位。基于声源的人体定位是弥补 ILTC 系统临时检测失败的一种可能的方法。在目前的 ILTC 系统中,只有一个水平方向的伺服电机参与旋转相机,为了捕捉不同高度的讲者,可以增加一个伺服电机用于控制垂直方向上平移相机。

5.2.2 功能扩展

1. 融入行为识别

动作识别在视频监控、人机交互、视频内容分析等方面具有巨大的应用潜力[4,5]。为了进一步将所提出的 ILTC 系统应用于 MOOC,未来的工作将涉及动作识别,以改善讲者和在线学习者之间的互动。此外,控制命令可以通过讲者动作识别并发送到系统。在 ILTC 系统中应用行动识别有三个目标:

①区分讲者的活动:站立、示范、挥手或在黑板上写字。
②分析学生在课堂上的活动:写、站、坐、举手、趴在桌子上。
③观察在线学习者的反应:点头、摇头、举手。

2. 人体定位技术与 6G 网络及 VR 技术的结合

即将到来的 6G 移动技术具有以下特点:按需服务、至简网络、柔性网络、智慧内生、安全内生、数字孪生[6,7]。通过将人体定位技术与 6G 移动通信技术集成,利用其更高的数据传输速率、更大的网络容量、更低的延迟和更智能、更安全的特点,促使人体定位技术发挥更大的实际应用价值,如在 ILTC 系统中实现离线和在线教学的同步。

进一步将人体定位技术与虚拟现实技术相结合,嫁接在飞速的网络通信平台之上,可以在未来的虚拟世界大有作为,例如在智慧教育领域塑造全新的教育生态,如图 5-1 所示。

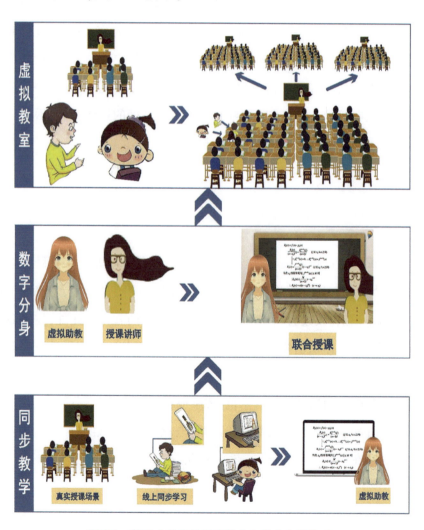

图 5-1 基于人体定位技术的未来教育生态体系

①同步教学:充分发挥新一代无线通信网络优势,提高人体定位系统性能,打破空间局限,基于人体定位技术、6G通信网络构建线上线下同步授课的智慧教室。

②数字分身:设计生动形象的虚拟助教,配合真实教师提高线上学习的效率和趣味性,辨识线上线下学习者的学习状态。

③虚拟教室:搭建虚拟教室容纳线上线下师生的数字分身,形成线下实体与数字分身的梦幻联动,充分发挥人体定位技术的快速、稳定追踪功能,利用虚拟现实技术无限延展学习时空。

本章小结

本章首先对全书内容进行总结,然后从性能提升和功能扩展两方面对后续研究提出设想,通过融入人体检测、行为识别、6G网络及VR技术,使得人体定位技术在工业生产、社会生活中发挥更广阔的作用。

参考文献

[1] LI J, LIANG X, SHEN S M, et al. Scale-aware fast R-CNN for pedestrian detection[J]. IEEE transactions on Multimedia, 2017, 20(4): 985-996.

[2] ZHANG L, LIN L, LIANG X, et al. Is faster R-CNN doing well for pedestrian detection? [C]//Computer Vision-ECCV 2016: 14th European Conference, Amsterdam, The Netherlands, October 11-14, 2016, Proceedings, Part II 14. Springer International Publishing, 2016: 443-457.

[3] ZHANG X, SUN H, WANG S, et al. A new regional localization method for indoor sound source based on convolutional neural networks[J]. IEEE Access, 2018, 6: 72073-72082.

[4] WANG L, QIAO Y, TANG X. Action recognition with trajectory-pooled deep-convolutional descriptors[C] //Proceedings of the IEEE conference on computer vision and pattern recognition, 2015: 4305-4314.

[5] SIMONYAN K, ZISSERMAN A. Two-stream convolutional networks for action recognition in videos[J]. Advances in neural information processing systems, 2014, 1: 27.

[6] 王丽,谢非. 6G通信网络发展概述[J]. 价值工程,2021,40(20):74-76.

[7] ALSHARIF M H, KELECHI A H, ALBREEM M A, et al. Sixth generation (6G) wireless networks: vision, research activities, challenges and potential solutions[J]. Symmetry, 2020, 12(4): 676.